理解するほど
おもしろい！

改訂
3版

パソコンの
しくみが
［よくわかる本］

丹羽信夫／著

技術評論社

はじめに

　この本は、パソコンやインターネットについて基本的なしくみを理解したい人が読んで役立つ本として書きました。2017年に初版が刊行され、2020年に改訂版がリリースされました。そして2023年、新しい内容を取り入れ、説明を書き直し、全面的に熟成度を上げた改訂3版を送り出します。パソコンやインターネットをより深く知り、よりよく使っていこうというみなさんにとって、本書を読むことが新たなきっかけになればと思います。

　さて、いまやパソコンやインターネットは生活の必需品となりました。パソコンもインターネットも以前と比べると格段に使いやすく、わかりやすくて親切になっているので、使うだけであればなんとかなる時代になりました。

　使えさえすればそれで十分。そういう考え方もありますが、『パソコンは何をしているのか？』『インターネットで何が行われているのか？』がわかれば、もっと自信を持って、不安や心配なく使えるようになり、『自分から使いこなす』へと踏み出すことができるはずです。

　ところで、この本はどのページから読み始めても理解できるように書きました。そのため、複数箇所で似たような説明がなされている場合もあります。ただ、そのような場面でも、言い方を変えたり、説明の分量を変えたりといった工夫を心がけ、みなさんの理解が深まるように努力しました。

　この本がみなさんのお役に立てることを願っています。

2023年春　丹羽 信夫

Contents

Chapter 1 パソコンはこんな機械

Chapter 2 パソコンの中はどうなっている?

Chapter 3 パソコンをさらに便利にする周辺機器

パソコンの OS と
アプリケーション

パソコンを安心して使うために

1

パソコンは
こんな機械

Index

コンピュータは どんな機械？

パソコンとは？

01

コンピュータは高性能な電子計算機です。その計算機能を活かして、
コンピュータは指示された作業手順を忠実に実行してくれます。

0と1が支える現代の生活

　自動車、エアコン、炊飯器、電子レンジ、掃除機などなど、現代の生活を支えているありとあらゆる家電製品には、コンピュータが組み込まれています。家電製品とは違いますが、自動車もコンピュータの制御なしでは動きません。

　コンピュータの本質は計算する機械です。その計算は「0」と「1」の2種類の組み合わせで行われます。コンピュータの計算方法は2つの数字しか使わないので二進法といいます。慣れない言葉なので、二進法の計算と聞くと難しそうに思えますが、2つの数字しか使わないのですから、考えようによっては、私たちが日常生活で行っている十進法の計算よりも単純だともいえます。

　コンピュータの計算のすごいところは、一桁だけなら単純極まりない二進数の計算をものすごい速さで膨大な桁数で行っているということです。

　第二次世界大戦後に生まれた最初のコンピュータは、図体ばかり大きくて、機能的には貧弱なものでした。現代のコンピュータは地球人の生活を大きく変え、文化を豊かにし、政治を変え、経済を動かし、人間の創造性・知性を拡張する存在となっています。

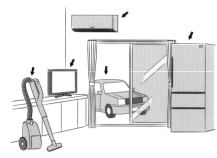

▲コンピュータは0と1の二進数で超高速に計算する

発展の限りをつくすコンピュータですが、現在でも生まれた当時と変わらないことがあります。それこそが、「0と1だけで計算する機械である」ということです。

人間のすることを計算で処理

私たちがコンピュータを使っているときは、実質的には、コンピュータに「マウスのボタンをクリックしたらああしろ、キーを打ったらこうしろ」などと指示を出していることになります。利用者の方では気付いていなくても、実は、コンピュータに命令をしているのです。命令されたコンピュータは、何でもかんでも計算によって命令を処理します。画面に絵を表示せよという命令があれば計算、文字を表示せよという命令があれば計算、という具合です。ときには、パソコンが高熱を発するほど膨大な計算が行われます。ひたすら計算した結果を画面に表示するなどして人間に伝えれば、コンピュータにとっての仕事は終わりです。

コンピュータは一途な計算マシンですが、見方によっては柔軟な一面もあります。プログラムを入れ替えれば、別の仕事をさせることができるのです。実際、処理の手順をプログラムにすることができれば、コンピュータは何でもやってくれます。

人間が行っているすべての作業は、細かいステップに分けて、作業手順として書き並べることができます。こうして作ったプログラムを、用途によって入れ替えることで、コンピュータは人間が行っているすべての作業を計算で処理するのです。

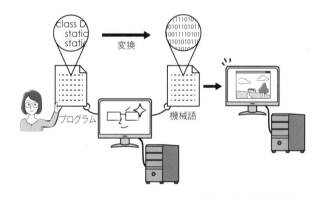

◀ コンピュータはこのような手順で
プログラムを実行する

まとめ

- コンピュータは制御が必要なあらゆる製品に組み込まれている
- コンピュータは「0」と「1」の2種類の数で計算する
- コンピュータはプログラムの指示に従って処理をする
- コンピュータは現代人の生活を支えている

パソコンはどんな
コンピュータ？

個人で持てるコンピュータとして普及したパソコン。今やパソコンは、
地球規模で情報を共有・利用するための窓口ともいえる存在となりました。

「個人のコンピュータ」があたりまえに!?

　初期のコンピュータは、広い部屋がいっぱいになるほど巨大でした。売り物ではありませんでしたが、仮に市販されていたとしても、個人で買うことは無理な価格だったでしょう。消費電力も膨大で、ENIAC（エニアック。1946年に登場した初のコンピュータ）は150キロワットもの電力が必要でした。現在のノートパソコンの消費電力は30ワット程度ですから、ノートパソコン5,000台ぶんの消費電力ということになります。

　当時のコンピュータは、コンピュータを専門に研究する人たちだけのものでした。一般の個人がコンピュータを所有する、という発想などなかったのです。

　しかし、この数十年でコンピュータは大進歩を遂げ、個人での所有はあたりまえになりました。それどころか、1人で複数台のコンピュータを持つことさえ、ごく普通になりました。

　現在のコンピュータはポケットに入るほど小型化し、数百グラムまで軽量化した製品もあります。バッテリーで1日使えるレベルまで省電力化し、安価な製品は数万円で購入できるほど低価格化しています。反面、その処理能力は初期のコンピュータとは比較にならないほど高性能化しています。

人と人とをつなぐコンピュータ　～情報共有の時代～

　普及し始めたころのパソコンは、アプリケーションを買ってきて、そのアプリケーションを使って文書を作成したり、表計算したり、絵を描いたりといった用途に使われていました。つまり、そのパソコン1台だけで完結する作業が中心だったのです。

　現在は、いつでもどこでもインターネットにつながる時代になり、パソコンの応用範囲は大きく広がりました。地球規模で情報を共有し、人間関係を広げ、星の数ほどのさまざまなサービスを利用するための機械となったのです。定型の事務的作業が中心だったパソコンが、今では情報共有の窓口となり、人と人とのつながりを作り、あらゆる種類のサービスを利用

できる場となる。そんな存在へと役割を変えたのです。

　パソコンを使うための、技術的なハードルも低くなりました。パソコン自体やアプリの使い方を習得することよりも、パソコンを使って何をするか、インターネットを介して提供されるサービスを使って何をするか、その内容や質のほうに重点が移ってきています。

　今では、SNSをはじめ、インターネット上のさまざまなサービスを利用するにあたって、コンピュータについての高度な知識や技術は不要です。パソコンが窓口となって、多くの人と情報を共有することのメリットを誰もが味わえるようになったわけです。

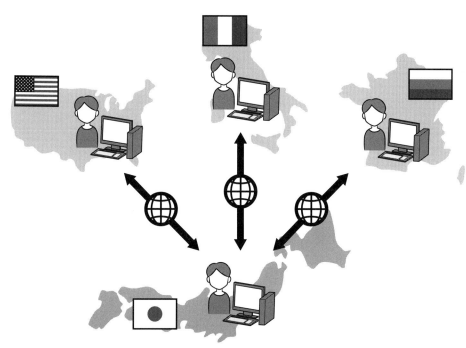

▲ コンピュータはインターネットを介して世界中の人々をつなぐ

まとめ

- ●個人が自分用のコンピュータを持つことに何の疑問も感じない時代になった
- ●事務的作業が中心だったパソコンが応用範囲を広げ、情報共有の窓口となり、人と人とのつながりのきっかけを作る存在となった
- ●パソコンを使うための技術的なハードルは以前よりずっと低くなった
- ●人々の関心はパソコンを使って何をするかに移ってきている

03

デスクトップ パソコンとは？

持ち運びして使えるノートパソコンと違い、決まった場所に設置して使うタイプのパソコンをデスクトップパソコンといいます。

組み合わせの自由度の高さが魅力のデスクトップパソコン

　一般に、パソコン本体とディスプレイ、キーボード、マウスが別々になっていて、決まった場所に据え置きで使うタイプのパソコンのことをデスクトップパソコンといいます。本体以外の周辺機器はディスプレイやキーボードも含めて、ユーザーが選んで組み合わせることができます。用途によってプリンターやスキャナー、スピーカー、カメラ、マイクなどの周辺機器を接続して使います。

　持ち歩いて使うのではなく、置き場所を固定して使うことを前提としていて、サイズ・重さ・電源の自由度が高いのが特徴です。サイズは 50cm × 40cm × 20cm くらいの大型の製品から、手のひらサイズの小型の製品まであります。消費電力も大きいものから小さいもの、価格も高いものから安いものまでさまざまです。

▲ デスクトップパソコンは、パソコン本体とディスプレイ、キーボード、マウスが別々になっている

性能と拡張性の高さならデスクトップパソコンが有利

デスクトップパソコンは、パソコンの用途・目的がはっきりしていると選びやすくなります。たとえば、大画面で映画やゲーム、動画の編集を楽しみたいとなると、これはもうデスクトップパソコンで決まりです。大きな画面を使うには、ディスプレイを自由に選べるデスクトップパソコンのほうが有利です。また、3D表示の最新ゲームのプレイや、長時間の動画を編集するには、高性能なパソコンが必要です。デスクトップパソコンはスペースや電源などの制約が少ないので、ノートパソコンに比べて高いコストパフォーマンスを得ることができます。

デスクトップパソコンは一般に拡張性が高く、本体内への高性能のパーツ（部品）の追加や交換が容易です。たとえば、高性能のグラフィックボード（ビデオカード）を内蔵して画像処理の性能を向上させたり、メモリを増設して処理を速くしたり、ハードディスク・SSDを大容量で高速なものに交換・追加したりできます。

デスクトップパソコンの第一の魅力として、拡張性の高さをあげる人も多いでしょう。拡張性が高ければ、内部のパーツを交換することが可能で、そのパソコンを長く使い続けることができます。故障の際、問題のあるパーツの交換で済む場合もあります。

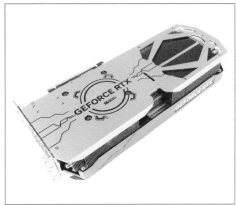

▲ 高性能なグラフィックボードに交換すれば、画像処理の性能を飛躍的に向上させることができる。
写真は玄人志向「GG-RTX4070Ti-E12GB/EX/TP」

まとめ

● デスクトップパソコンは性能、価格、大きさなどの選択肢が幅広い
● デスクトップパソコンは拡張性が高く、パーツの交換や追加をしやすい

パソコンの種類

04 ノートパソコン とは？

ノートパソコンは場所を移動して使えるように開発されたパソコンです。
喫茶店・駅・電車内など、好きな場所に持ち歩いて使うことができます。

持ち運べる便利なパソコン

　ノートパソコンはCPU、メモリ、ハードディスク・SSD、LAN機能などを内蔵する本体と、ディスプレイ、キーボード、タッチパッド、カメラ、マイク、スピーカーなどが一体化されたパソコンで、ノートのように開いて使います。デスクトップパソコンと比べると小型・軽量のため、家の中の別の部屋や外出先にも手軽に持ち運びができます。

　ノートパソコンは本体のみ購入するだけで使えるという利点があります。デスクトップパソコンは、本体以外にディスプレイやキーボード、マウスなどが必要で、それらの機器とパソコン本体をケーブルでつながなければなりません。それに比べると、ノートパソコンはずいぶんと気楽です。普段は高性能なデスクトップパソコンを使い、外出時にはノートパソコンを携帯するという使い方もよく見られます。もちろん、テレワークにも最適です。

▲ ノートパソコンは外出先でも手軽に利用できる

知っておきたいノートパソコンの特徴

ノートパソコンを使う上で、最低限確認しておくことを説明します。

まず、性能についてです。パソコンの最重要部品であるCPUは、フルパワーで動作させると高熱になり、多くの電力を消費します。ノートパソコンにはスペースや電力消費の制約があるので、同じ世代のCPUでも、ノートパソコン向けに作られたCPUが使われています。デスクトップパソコン用のCPUに比べるとパワーは控えめなので、単純に高性能を追及するのであれば、デスクトップパソコンのほうが有利です。

次に、拡張性についてです。ノートパソコンの内部をいじるとしても、メモリの増設とハードディスク・SSDの交換・増設くらいしかできません。そのほかの機器を接続する場合は、主にUSBコネクタを使います。本体のUSBコネクタが少ない場合は、USBハブやドッキングステーションなどが使えるか確認しておきます。なお、本体にUSB3.0より前のコネクタしかない場合は、外付けハードディスクなど高速性が必要な機器をつなぐと、遅くて使い物にならないかもしれません。

機器によっては、BluetoothやWi-Fiを使って接続できるものもあります。また、本体にThunderbolt 3/4（サンダーボルト）対応のコネクタがあれば、外部にグラフィックボードなどの拡張ボードを追加することもできます。

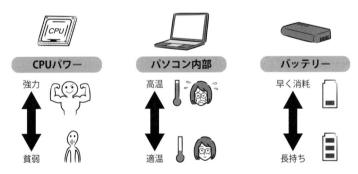

▲ CPU が高速になるほど発熱が増えて、ノートパソコンの内部は高温になりバッテリーの消耗も速くなる

まとめ

● ノートパソコンには、パソコンに必要な機器が一体化されている

● ノートパソコンは小型で軽量。持ち運びしやすいが、拡張性はあまりない

● ノートパソコンはスペース・消費電力の制約と性能とのバランスを考えて作られている

タブレット型パソコンとは？

タブレット型パソコンは、板の形をしたパソコンで、本体の大部分は液晶ディスプレイです。スマートフォンのように画面を直接触って操作できます。

画面だけなのにパソコン！

　タブレット型パソコン（以下、タブレット）は単なる小型のディスプレイのように見えますが、画面はタッチパネルにもなっていて、画面を指で直接さわって操作することができます。画面内に表示されたボタンにさわったり、画面を指やペンでこすったりすることで、文字や絵を入力します。キーボードやマウスでの操作に比べて、直感的にわかりやすく操作できることがタブレットの最大の利点です。

　タブレットは「キーボードがない、画面だけのノートパソコン」ともいえます。キーボードを追加すれば、ノートパソコンと同様の使い方ができます。一方、タブレットは「大きなスマートフォン」と見ることもできます。実際、パソコンと同じOSを搭載したタブレット、スマホと同じOSを搭載したタブレットのどちらもあります。

▲タブレットには分離タイプ以外にも、ディスプレイが360度回転したり、スライドしたりするタイプもある。写真はアップル「iPad Pro」

タブレットを選ぶとき重要なのはOS

Windows 10/11を搭載したタブレットは、パソコンのアプリがそのまま使えるのがメリットです。Windows 11のアップデートでAndroidスマホのアプリも動くようになりました。

アップル社のiPadは、スマホのiPhoneと同様の操作性で使えるのがメリットです。アップル社だけが製造しているので性能とコストのバランスがよく考えられており、低価格の機種でも一定の性能レベルを確保しています。同社のパソコンMacやiPhoneと連携しながら使うことができるのも便利です。

Google提供のOSであるAndroidを搭載したAndroidタブレットは、Androidスマホのアプリが使えるのがメリットです。Androidタブレットは価格の幅が大きいのも特徴です。

アマゾンのFireタブレットは、Androidと似た操作で使えるタブレットです。もともとは、プライムビデオや電子書籍キンドルなどのアマゾン独自サービスをユーザーに利用してもらうのが目的のタブレットで、本体だけでの利益は見込んでいないのか、非常に低価格で入手できます。Androidで使えるアプリの多くが利用できますが、Googleプレイからアプリをインストールすることには対応していないのが難点です。アプリはアマゾンのサービスを使ってインストールします。

このほか、Chrome OSを搭載したChromeタブレットもあり、Chromeパソコンと同様のメリットがあります（P.122参照）。

◀ タブレットパソコンのタッチキーボード。スマートフォンのように画面にタッチすることで文字を入力する

まとめ

- ●画面にじかにタッチする直感的な操作がタブレットの最大の特長である
- ●キーボードを追加すればノートパソコンとして使える
- ●どのOSを選ぶかが、タブレットを選ぶ際の重要ポイントになる

06

パソコンは自分でも作れるってホント？

市販のパーツを組み合わせれば、意外とかんたんにパソコンは自作できます。
自分だけの理想のパソコンを作ることも可能です。

パーツを組み合わせて自分だけのパソコンを作る

　パソコンを構成する部品は、パーツとして単体で市販されています。パーツを揃え、正しい場所に差し込み、ケーブルをつなぎ、ドライバーでネジ留めしていくだけで、自分だけのパソコンを組み上げることができます。何事もやってみるのが一番です。パソコン自作の経験は、パソコンの不調時や故障時、グレードアップの時などに大いに役立ちます。

　もっとも、パーツの組み合わせは何でもよいというわけではないので、入念な下調べが必要です。ネットの情報のほかにも、自作パソコン専門の雑誌などで調べるとよいでしょう。

　かつて、自作パソコンが大ブームになった時期がありました。現在はブームというほどではないまでも熱心なファンは多く、ニーズが高い分野です。たとえば、パソコンの中心になるマザーボード1つとっても多くの製品が販売されており、選択に困るほどです。

▲パーツをひととおり揃えたら、あとは正しい場所にパーツを差し込んでいくだけで自作パソコンを作れる

実際にパソコンを作るには？

　まず、どんなパソコンを作りたいかというコンセプト（目標）を考えます。できるだけ安価に作りたい。逆に、価格にこだわらず高性能にしたい。ゲームを快適に楽しめるパソコンを作りたい。置き場所に困らない小型のパソコンを作りたい。音のよいパソコンを作りたい。静かなパソコンを作りたい・・・などなど。

　次に、CPUやマザーボードなどのパーツを購入するのですが、目ざすパソコンを作るのに適するパーツを自力で揃えるのは、初心者にはなかなかハードルが高いものです。最初は、自作パソコンに強い店に相談するのもよいでしょう。もっと手軽に、自作パソコンに必要なパーツがひととおり揃った「組み立てキット」を購入するのもよいでしょう。

　実際にパソコンを自作してみると、意外にあっけないと感じるかもしれません。応用編として、使わなくなった古いパソコンのパーツを流用し、足りないパーツを追加して今時のパソコンを作る、なんていうこともできるようになるでしょう。

▲ 自作パソコンを作るのに最低限必要なパーツは、CPU、マザーボード、メモリ、電源ユニット、ハードディスク・SSD、本体ケースの6つ

まとめ

- ●市販のパーツを組み合わせれば自作パソコンの出来上がり
- ●自分の理想を追求できるのが自作パソコンの醍醐味である
- ●自作パソコンは完成後も自力でグレードアップできる

購入時の知識

07

パソコンを選ぶとき どこを比べる？

パソコンのハードウェアに関する注目ポイントについて解説します。
各パーツの性能が使い勝手のどこに影響するかを把握しましょう。

パソコンを選ぶとき、どこに注目すべき？

まずCPU、メモリ、ハードディスク・SSD、ディスプレイのスペック（性能）を比べましょう。その上で、デザイン、大きさ、重さ、消費電力、価格を検討します。

製品名	Cutebook	extraPC	SonicBook	UltraPad	SPICE
メーカー	miniUSA	電気制作	SonicJapan	UltraPC	超越
価格	275,000 円	162,800 円	199,800 円	143,800 円	99,800 円
ディスプレイ	13.3 型液晶	13 型液晶	13.3 型液晶	15.6 型液晶	11.6 型液晶
CPU	Core i7-1260P	Core i5-1235U	Core i5-1135G7	Core i5-1135G7	Celeron N5100
メモリ	16 ギガバイト	8 ギガバイト	8 ギガバイト	8 ギガバイト	4 ギガバイト
ハードディスク・SSD	512 ギガバイト SSD	128 ギガバイト SSD	512 ギガバイト SSD	256 ギガバイト SSD	128 ギガバイト SSD
バッテリー	約 22 時間	約 15 時間	約 25 時間	約 9 時間	約 10 時間
サイズ（mm）	305×198×17.9	287×209×9.5	310×215×16.5	361×244×26.0	291×212×19.5
重量	0.98kg	0.88kg	1.2kg	2.0kg	1.4kg

▲ ノートパソコンのスペック表の例。最初に注目すべきは青い太字のところ

Column

第何世代の CPU かを知るには？

　CPU は開発された時期により、開発の基本思想が異なります。開発された時期は「世代数」で表されます。世代数が大きいほうが、より新しい世代です。

　インテルのコアシリーズの場合、CPU の型番で、「-」の直後の 2 桁の数字が世代数を表します。たとえば、Core i7-13700K なら第 13 世代です。第 10 世代より前の世代は「-」の直後の数字 1 桁が世代数です。Core i7-9750H なら第 9 世代です。

CPU

CPUはパソコンの処理速度を決定づけるパーツです。パソコンにとっていちばん重要なパーツであり、CPUの性能がよいほど、負荷のかかる処理も素早く行えます。

CPUのおおまかな性能は、ブランド名で判断できます。パソコン向けCPUの最大手・インテル（Intel）の場合、性能の高い順に主要ブランド名を並べると、Core i9（コアアイナイン）、Core i7（コアアイセブン）、Core i5（コアアイファイブ）、Core i3（コアアイスリー）、Pentium（ペンティアム）、Celeron（セレロン）となります。

快適にパソコンを使いたいなら、Core i9、Core i7、Core i5を搭載したパソコンを選びましょう。Webサイトの閲覧とメールのやり取りが中心なら、Core i3でも十分使えます。PentiumやCeleron以下の場合は限定的な利用法になるでしょう。

メモリ

メモリはCPUが仕事をするために使う作業スペースです。メモリの容量が多いほうが、それだけ多くのアプリを同時並行で動かすことができ、パソコンを快適に使えます。

メモリの容量は、8ギガバイト（GB）はほしいところです。できれば16ギガバイト、とくに、動画編集や最新の3Dゲームを楽しむ場合は32ギガバイト以上を目安にしましょう。安いパソコンでは4ギガバイトしかない場合もありますが、Webサイト閲覧とメールの利用が中心で、複数のアプリやタブを開いたりしないという限定的な使い方であれば、ギリギリ使えるレベルです。

▲CPUはパソコンの頭脳ともいえるパーツ

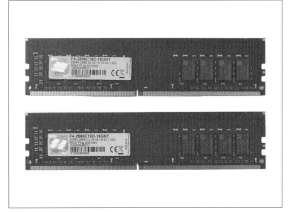

▲いわゆる「パソコンの処理が重い」のは、メモリ不足が原因であることが多い

🖱 ストレージ

　ストレージはOSやアプリをインストールし、写真や動画、音楽、書類などのデータ（ファイル）を保存する装置です。ストレージにはハードディスク（HDD）とSSDの2種類があります。データの読み書きの速さを優先するならSSDが有利です。とくに、OSをインストールするドライブはSSDがおすすめです。OSをインストールする場合、容量は128ギガバイトがギリギリの最低限です。速さよりも容量を優先するならハードディスクがおすすめです。大容量のデータの保存用途に使うなら、ハードディスクの方が価格の面でもよいでしょう。容量あたりの価格を比べると、SSDよりもハードディスクの方が割安です。

▲ 容量のハードディスク（左）か、速さのSSD（右）か。目的に合わせて選ぼう

🖱 ディスプレイ

　ディスプレイは、画面サイズと解像度に注目しましょう。ノートパソコンの場合、持ち運ぶ機会が多いなら、画面サイズは10〜15インチがよいでしょう。家の中だけで使うなら、14〜17インチ以上の大きなサイズを選んだほうが画面を見やすくなります。

　デスクトップパソコンのディスプレイは、22〜32インチの製品が主流です。さらに大型のディスプレイを使うこともできます。

　ディスプレイの解像度の数値が大きいほうが、一度に表示できる情報量が増え、画像や文字がきめ細かに表示されます。解像度は1,366×768ピクセルあたりが下限で、1,920×1,080ピクセルのフルHD（FHDとも表記）解像度がもっとも多く、今後は3,840×2,160ピクセルクラスの4K解像度が増えてくると思われます。

　ディスプレイの見え方や目の疲れには個人差があります。実物を目で見て、確認してから購入するのが理想です。

拡張性を確認する

　パソコンを買ったあとの、拡張性の余地がどれくらいあるのかも重要です。まず、本体内部での拡張です。ハードディスク・SSDを追加する余地があるのか、メモリを増設する余地があるのかを確認します。本体外部での機能拡張はUSBを使うことが多いので、USBコネクタの数や位置を確認しておきましょう。USBコネクタが少ない場合は、USBハブやドッキングステーションなどが使えるか確認しておきます。外部の拡張手段として、BluetoothやWi-Fiを利用した無線接続の周辺機器を使うことを検討してもよいでしょう。

　拡張はしないという考え方もアリです。買ったまま使い続ける、数年使ったら買い替えるなどと割り切れるのであれば、拡張の余地にはあまりこだわる必要はありません。

そのほかに気を付けておきたいところ

　キーボードとマウスは、理想をいえばパソコンショップなどで実物に触れて、操作性や感触を確認してから購入するのがベストです。

　ノートパソコンの場合、本体のサイズと重さは熟考が必要です。日常的に外に持ち出して使う場合は、1グラムでも軽いほうが有利です。サイズについても同様で、外に持ち出すことが多いなら小型で薄いほうがよいでしょう。逆に家の中で移動する程度であれば、小型・軽量にこだわるよりも、そのぶんのお金をCPUやメモリ、ストレージにつぎ込んだほうが納得のいく買い物ができるはずです。

　デザインや色は、人によっては最重要のポイントかもしれません。気に入ったデザイン・色のパソコンを選べばOKです。

まとめ

- ●CPUがパソコンの性能をもっとも左右する
- ●インテルCoreシリーズの性能はブランド名の番号で判断できる
- ●より新しい世代のCPUは何らかの点で改良されている
- ●メモリが少ないとパソコンを快適に使えない。8ギガバイトは確保する
- ●SSDは速いが、ハードディスクに比べると容量が小さくて高い。ハードディスクは大容量で割安だが、SSDより遅い

購入時の知識

安いパソコンと高い
パソコンの違いは？

安いパソコンでも高いパソコンでも、できることが大きく変わるわけでは
ありません。では、パソコンの価格の違いはどこから生まれるのでしょうか？

個々のパーツの価格差を積み上げていくと……

　高価なパソコンは、使われているパーツが高速・高機能・高性能であるのが一般的です。次に、軽量・コンパクト・省電力・頑丈など、何らかの点で平均的なパソコンに比べて優れているのが特徴です。

　CPUは価格差が大きく、数千円台のものから10万円を超えるものまであります。高性能なCPUであれば、その性能を活かすために、ほかのパーツもそれに見合う高性能のものを使う必要があるので、パーツごとの価格差が積算され、価格差が大きくなります。

　安いパソコンは全体の性能とのバランスを取りつつパーツのグレードを落としたり、人件費の低い国で生産したり、ネット販売に特化したりなど、さまざまな工夫を凝らしてコストダウンを図っています。

▲ パソコンの価格は、速い・高機能→値段が高い、小さい・薄い・軽い→値段が高い、
　新しい→値段が高い、という図式が成り立つ

「高ければいい」「安いと使えない」とも限らない

　現実に高いパソコンと安いパソコンがあることを、どう考えたらよいのでしょうか。高性能をとことん追求した高価格なパソコンがベストかというと、必ずしもそうではありません。使い方によっては、宝の持ち腐れになりやすいのです。Webページの閲覧、メール、SNS、ワード・エクセルなどの一般的な用途はそれほど「重い」作業ではないので、高性能のパソコンのほんの一部の能力しか使いません。

　実際に使ってみると、安いパソコンと高いパソコンで、できることそのものに大きな違いはありません。何が違うのかというと、同じ作業をやらせたとき、安いパソコンではもたつきを感じることがあり、高いパソコンなら瞬時に終わる、ということです。この速度の違いは、いわゆる「重い」作業をさせるほど差が大きくなり、気になるようになります。

　つまり、主な用途がはっきりとしているのであれば、それに見合った性能のパソコンを購入するのがベストです。CPUやメモリ、ストレージなどの基本的な知識をしっかり理解し、そのパソコンが自分の用途にあっているか否かをはっきりさせてから、価格について検討するとよいでしょう。

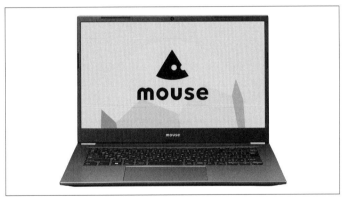

▲ マウスコンピューターの「mouse B4 シリーズ」は7万円台から購入できる低価格なパソコンだが、Webやメールなどは問題なく利用できる

まとめ

● 構成するパーツごとの価格差が積み上がって、パソコン全体の価格差になる

● 高性能をとことん追求したパソコンは必然的に高価格になるが、多くの人にとって宝の持ち腐れになりやすい

● 性能レベルが同じでも、安いパソコンはさまざまな工夫をしてコストを下げている

購入時の知識

09 新品のパソコンは 何年ぐらい使えるの？

今は新品のパソコンでも、ネットの高速化、新しいサービスの登場、
新しい技術の普及など、周囲の変化についていけなくなったら買い替えです。

パソコン関連の技術は年々、変化&進歩している

　「パソコンは製品としての成熟期を迎えている」といわれることがあります。パソコンの中にはCPU、メモリ、ハードディスク・SSDなどの記憶装置があり、外部にはプリンターやディスプレイがつながっています。昔のパソコンと比べて、機械としての基本的なしくみや構造に大きな変化はありません。

　しかし、個々のパーツや周辺機器には大きな変化があります。ディスプレイは大画面の液晶になり、解像度はフルHD が主流になり、搭載するメモリの容量は8ギガバイト以上が普通になっています。ハードディスクの容量はテラバイト単位になり、より高速なSSDに置き換わろうとしています。無線LANの転送速度も高速化されています。

▲パソコンを取り巻く社会は常に変化している

変化するのは機械だけではありません。2021年10月、Windows 10の後継となる
Windows 11が公開されました。みなさんが利用しているアプリにも新バージョンが出て
いるでしょう。インターネットを流れるデータ量はここ数年で爆発的に増え、通信速度も格
段に高速化されました。誰もがスマホや携帯電話を持ち、写真や動画を撮ってSNSに投稿
する時代になったのです。

ピカピカの新品パソコンでも、周囲の事情は2～3年で変化します。周囲に大きな変化
があり、それに対応できなくなったときがパソコンの買い替え時期なのです。

セキュリティへの対応も買い替え時期の判断材料

買い替え時期の判断はそうかんたんではありません。とんでもなく動作が遅くなったなど、
はっきりした症状があるのならば判断しやすいのですが、見たところ問題なく動作している
場合はやっかいです。

ここで注意したいのがセキュリティです。サポート期間が終了したOSやアプリを使い続
けるのは、セキュリティ上とても危険です。自分だけではなく、社会全体への悪影響の恐れ
もあります。使用中のパソコンで、セキュリティ的に安全な最新バージョンのOSやアプリ
が快適に動作しないのであれば、買い替え時期が近づいているといえます。

何年という決まりはないが、総合的に見て買い替えの時期を判断する

単なる思いつきで10年前のパソコンを起動してみると、意外に使えそうに感じて驚くか
もしれません。ただし、あくまでも「意外に」のレベルです。実際に仕事に使ってみると、「な
んて遅いんだ！」と実感するはずです。古いパソコンを活用すると家計面では節約になりま
すが、貴重な時間を無駄にすることをバカバカしく思う人も多いでしょう。一方、新しいパ
ソコンを使うと、OSが起動するスピード、高解像度の画面、高速なインターネットなど、
わずか3年前のパソコンと比べても、はるかに快適に感じるものです。

以上のようなさまざまな点を総合的に見て、パソコンを買い替える時期を判断しましょう。

まとめ

● パソコンを使う年数に決まりはないが、周囲に大きな変化があれば買い替え時期
である
● 古いパソコンを使い続けることがセキュリティ上の問題となることもある
● 古いパソコンを使うことは得とは限らず、時間の無駄になる場合もある

中古のパソコンは買っても大丈夫？

中古パソコンが出回っているので、予算を抑えるために購入を検討する価値がありますが、もちろんリスクもあります。

中古パソコンもねらい目なのか

パソコンの中古市場がずいぶんにぎやかになっています。パソコンの基本的な構成は、新品でも中古でも大きな違いはないので、安い中古もねらい目であることは確かです。

一方では、中古パソコンから出火した、中古のパソコンを購入したら前の所有者が使っていたデータが保存されていた、などの事故の報道を目にすることもあります。また、ニュースにはならなくても、購入した中古パソコンが動作しなかった、古すぎて実際には使い物にならなかった、などのケースも当然あるでしょう。

これらのトラブルにおいて、中古であることだけが原因とはいえませんが、新品と比べるとリスクが高いことについてある程度は覚悟が必要です。その上で、どんなことに気を付けたらよいのでしょうか？

新品　　　　　　　　　　　中古

▲中古パソコンは安いが、新品のパソコンと比べてリスクが高いことはやむを得ない

メンテナンスや保証がしっかりした中古パソコン専門店がおすすめ

　中古パソコンを購入する際にもっともリスクが高いのは、価格の安さだけで飛びついてしまうことでしょう。とくに、ヤフオクやメルカリなどのフリーマーケットサイトでは、売る方も買う方もいろいろな思惑が入り混じっています（悪意を持った人が多い、という意味ではありません）。善意の売り手による良心的で安い中古品があったとしても、お買い得とは限りません。商品の状態によっては、使いこなすのにそれ相応の技術や知識が必要な場合もあります。中古パソコンは、モノによっては初心者の手に負えないこともあるのです。

　そういう意味では新品のパソコン以上に、CPUの種類、稼働OS、メモリ・ハードディスク・SSDの容量、電源・バッテリーの状態、キーボードのへたり具合、液晶画面の状態、もともとの発売時期、使用履歴、改造履歴、故障・修理の履歴、キズ・割れ・破損・変形・汚れなどの状態、商品の写真、付属品の内容、非純正部品は使用されているか、残っている保証期間、説明書はついているかなど、できるだけの情報を入手して検討する必要があります。場合によっては、出品者・売り手に質問をする必要もあるでしょう。においやファンの音など、写真や数値では伝えにくい情報も、気になる場合は確認したほうがよいでしょう。

　最近は、充実したメンテナンスや長期の保証をうたった中古パソコン専門店の広告を目にします。最新のOSが順調に動いて3年間も保証があれば、中古パソコンとしてはかなり使いでがあるはずです。

中古パソコンはメンテナンスや保証がしっかりしたショップで購入したい。画面は中古パソコン販売店OraOrA！のWebサイト（https://oraora.tokyo/）

まとめ

- ●中古パソコンは価格が安いが、新品にはないリスクもある
- ●中古パソコンは新品以上に、商品の内容の確認に気を使う必要がある
- ●メンテナンスや保証がしっかりした専門店がおすすめ

パソコンはどんなときに壊れるの？

パソコンも老化すれば不調になります。パソコンが痛がったり、暑がったり、水に溺れたり、雷が落ちたりなどすれば壊れることもあります。

パソコンに無理な力を加えない、水にも注意

まず単純なことですが、やってしまいがちな基本事項から確認しましょう。パソコンを強く圧迫したり、落としたりなどの衝撃を加えることは禁物です。圧迫については、パソコンに重いものを乗せるほか、カバンに入れた本体にACアダプタの角の部分が押し付けられて液晶が割れる、といった事故に注意しましょう。

バッテリーやACアダプタも、落とすなどして衝撃を与えないようにします。また、電源ケーブルを踏んだり、電源プラグの部分に無理な力を加えないようにしましょう。本体に比べると、電源部分はぞんざいに扱いやすいので要注意です。

次に、パソコンは電気を使うので、水には気を付けましょう。結露にも要注意です（とくに冬期）。パソコンに水をこぼすのは絶対に避けるべきです。

▲電化製品であるパソコンにとって水は大敵。水をこぼす、本体に結露がつくといったことがないよう注意！

発熱にはとくに注意

　CPU、メモリ、SSDなど、パソコン内の部品は仕事をすると発熱します。大変な作業であればそれだけ部品もがんばるので、もっと高温になります。ところが皮肉なことに、これらの部品は高熱に弱いという弱点があります。長い間高熱にさらされることで部品の劣化がじわじわと進み、本来より早く寿命を迎えてしまうこともあります。

　パソコンの健康を維持する上で、本体内の排熱はとても重要です。ファンの周辺にほこりが溜まっていたり、ファンの排気口が物でふさがれていたりすると、パソコン内の温度が上昇し、部品の劣化が早まります。どこまで発熱すると異常なのかを知るためにも、ときどきパソコン本体の各部に手で触れて、正常時の発熱の具合を知っておくとよいでしょう。排気口から風が出ているかは、手をかざして確認しましょう。ACアダプタも手で触れて、発熱を確認しましょう。たまにはパソコン内を掃除するのもおすすめです。

　付近で雷が鳴ったとき、その影響で瞬間的に高電圧の電流（雷サージ）がパソコンに流れることがあります。雷がすぐ近くで鳴っているときは、パソコンの電源を落とし、電源ケーブルをコンセントから抜いておきましょう。雷サージ対策の電源タップを使うと、ある程度は安心です。また、冬場の乾燥した環境で発生する静電気がパソコンに影響を与えることもあります。とくに、パソコンの内部をいじるときは、金属製の家具や水道の蛇口などに触れて、体の静電気を逃がしてから作業しましょう。

◀ パソコンの内部をいじるときは、体の静電気を逃してから作業する

まとめ

● パソコンに無理な力を加えると壊れやすい
● パソコンに水をこぼしてはいけない
● パソコンの発熱に注意しないと壊れやすい
● 静電気や雷サージでパソコンが壊れることもある

購入時の知識

12

パソコンが壊れたらどうすればいいの？

それまで問題なく動いていたパソコンが、急に不調になってしまうことがあります。
そんなとき、「パソコンが壊れた」と結論を出す前にやってみることはいろいろあります。

本当に壊れているのか再チェックする

パソコンの調子が悪くなったら、まずは再起動してみましょう。 Shift キーを押したまま「スタート」メニューの「シャットダウン」を実行して、電源がオフになってから再度電源を入れると、より完全な再起動ができます（P.110参照）。再起動しても不調が改善しない、あるいは再起動さえできないという場合、以下のような点をチェックしましょう。

まず、電源ケーブルが外れていないかなど、電源まわりを確認しましょう。電源自体のスイッチがオフになっていると、起動ボタンを押してもパソコンは起動しません。ノートパソコンの場合は、バッテリーの残量が極端に少ないと強制的にスリープ状態になったり、起動できなかったりすることもあります。

画面が映らない場合は、まずディスプレイの電源スイッチや電源ケーブルまわりを確認しましょう。続いて、ディスプレイケーブルがきちんと差し込まれているか、HDMIやDisplayPortなどディスプレイの入力モードが正しく選択されているか、画面の明るさを極端に暗くしていないかを確認します。

キーボードやマウスが反応しない場合は、いったんUSBコネクタから抜いて差し込み直してみましょう。電池式の製品ならば、電池が消耗していないか確認しましょう。

パソコンがフリーズしたら？

パソコンの使用中に画面が固まって動かなくなり、キーボードやマウスを操作しても反応しなくなる状態を「フリーズ」といいます。パソコンがフリーズしたら、Windowsであれば Ctrl + Alt + Delete キー（Macは Ctrl + Command キー＋電源ボタン）を同時に押します。これで無反応なら、最終手段としてリセットボタンを押して再起動します。リセットボタンがないパソコンでは、電源ボタンを長押しして本体の電源を強制的にオフにします。

パソコンが頻繁にフリーズする場合は、アプリのバグの可能性もありますが、メモリの接

触不良も疑ってみましょう。パソコンの電源を切り、メモリモジュールを手で押し込んでみましょう。また、パソコン内部の換気が悪いと熱がこもり、CPUが熱暴走してフリーズすることもあります。本体の排気口が異物でふさがれていないか、CPUのファンにほこりが溜まっていないか確認しましょう。

壊れている場合は購入店かメーカーへ連絡する

　パソコンが本当に壊れていそうな場合は、購入店またはメーカーのサポート窓口へ連絡しましょう。保証期間内ならば無料修理ですが、故障の原因がユーザーの過失である場合は、保証期間内であっても有償です。

　故障した部位によっては、ディスプレイやキーボードなど特定の機器のみ買い替えるという手もあります。パソコンの壊れ具合によっては修理費が高額になり、新しく買った方がお得な場合もあります。

▲ パソコンの調子が悪くなったら、まずは再起動してみよう

まとめ

● パソコンの調子が悪くなったら、まず再起動してみる。通常の再起動でダメなら、
　 `Shift` キーを押したまま再起動すると、完全な再起動ができる
● スイッチや電源まわりなど、意外な見落としがないかチェックする
● 本当に壊れているなら修理を依頼するか、場合によっては買い替える

不要なパソコンは どうやって捨てる？

パソコンの買い換え時に困るのが、古いパソコンの処分です。メーカーによる PC リサイクルや買い取り業者への売却などを利用する方法があります。

パソコンは粗大ゴミとして捨てられない

　個人が使用するプリンター、スキャナー、外付けドライブなどの周辺機器は資源ゴミや不燃ゴミとして捨てることが可能で、決められた収集場所に出せば自治体が回収してくれます（自治体によります）。しかし、パソコンとディスプレイは原則として回収してもらえません。

　パソコンを買ったときについていた PC リサイクルマークのシールがある場合は、捨てたいパソコンをパソコンメーカーに送れば無料で処分できます（シールではなく、本体にマークが印刷されている場合もあります）。PC リサイクルマークがない場合は有料です。PC リサイクルマークのシールは再発行しないので、紛失したら処分費は有料になります。また、別のパソコンにシールを貼り替えた場合も受け取ってくれません。回収してもらえるのは、本体、ディスプレイのほか、買ったときに付属していたキーボード、マウス、マイク、スピーカー、コード類などです。

　なお、企業・事業所が使用していた法人用パソコンは、個人用のパソコンとは処分方法が異なります。

▲PC リサイクルマークの写真

買い取り・下取り業者、ネットオークションを利用する

　PCリサイクルマークを利用するのもよい方法ですが、送る手間と手続きの時間がかかります。不要品処分業者に頼めば、有料ではあるものの回収に来てくれます（業者によります）。ついでに、家の不要品を処分すればすっきりしていいですね。

　中古パソコンの買い取りや下取りをしている業者もあります。パソコンの状態によってはいくらかで買い取ってもらえることもありますが、あまりに古いパソコンは有料の引き取りになるかもしれません。インターネットで広く買取をしている業者もあるので、全国で利用できます。

　ネットオークション、メルカリなどのネットフリマで売るという方法もあります。古いパソコンでも、往年の人気製品や部品取り用として利用価値がある場合は、意外と高値が付くこともあります。

◀「じゃんぱら」ではパソコンのほか、iPadやiPhoneなどの買い取りを行っている（https://www.janpara.co.jp/）

◀古いパソコンでも、人気があった機種はネットオークションやネットフリマで高値がつくこともある。写真のNEC PC-9801VMは1985年発売で、状態がよいものは8万円前後で販売されている

捨てる／譲るときはデータを完全に消す

　パソコンを捨てる、売る、譲る場合は、ハードディスク・SSD内のデータは完全に抹消しておきましょう。個人データが流出することによって、予想もしなかったトラブルに巻き込まれる可能性があるからです。重要なデータなどないとあなたが思っていたとしても、見る人によっては利用価値の高いデータが存在するかもしれません。

　また、市販のアプリケーションがインストールされたままのパソコンを他人に譲ると、ソフトウェア使用許諾契約に抵触する可能性があります。要するに著作権違反です。したがって、捨てるにせよ譲るにせよ、ハードディスク・SSD内のデータは「データ抹消ソフト」を使って完全に抹消しておく必要があります。

　データを消したつもりでも、ファイル復元ソフトなどで復元されてしまう場合もあります。このため、データの流出を防ぐ手段として、ハードディスク・SSD を物理的に破壊することも有効で、その専門業者もあります。

　機械的に壊してしまえば、どうやってもデータは読み出せなくなります。

▲パソコンを処分するときは、ハードディスクや SSD のデータを完全に削除しておこう

まとめ

- ●パソコンを捨てるときは PC リサイクルマークを活用する
- ●処分業者に依頼するほか、ネットオークション等を活用する
- ●パソコンを捨てたり譲ったりするときは、データを完全に抹消する

2

パソコンの中は どうなっている？

Index

01 パソコンの中には何がある？

パソコンの中には、マザーボード、CPU、電源ユニット、ハードディスク・SSD、グラフィックボード、メモリなどのさまざまなパーツがあります。

目立つのはマザーボードとCPU

パソコンの中を見たときに、まず目に付くのがマザーボードでしょう。パソコン内で面積がいちばん広いパーツです。マザーボードにはたくさんの部品が取り付けられています。ボード上の配線らしきものも、うっすらと見えるでしょう。

マザーボード上のパーツのうち、とくに目立つのはCPUです。CPUには冷却用のファンがついています。たいていの場合、CPUの冷却は空冷で、扇風機と同じ原理で風を送ってCPUを冷却します。冷却ファンとCPUの間には、金属製の羽がたくさんついているヒートシンクが見られます。金属製の羽は、冷却効果を上げるために表面積を増やす目的でついています。高価なパソコンの中には、CPUの冷却に水冷を使う機種もあります。

これだけ厳重に冷却されるのは、CPUが相当に熱くなるパーツだからです。もちろん、バリバリ働くから熱くなるのです。

その他のパーツ

デスクトップ型パソコンの場合、容積がもっとも大きいパーツは電源ユニットでしょう。見るからに重そうなパーツです。電源ユニットにも放熱のためのファンがついています。電源ユニットから電力を供給するために、マザーボードやドライブ類などにケーブルがつながっています。

ハードディスク・SSDも目立ちます。ハードディスク・SSDは、OSやアプリケーションをインストールしたり、ファイルを保存するために使います。光学ドライブが内蔵されているパソコンもあります。ハードディスク・SSD・光学ドライブとマザーボードの間は、SATAケーブルでつながっています。SATAは「シリアルエーティエー」または「サタ」と呼び、ハードディスク・SSDや光学ドライブなどを接続する規格のことです。

グラフィックス機能を強化するために、グラフィックボード（ビデオカード）を搭載している場合もあります。グラフィックボードも熱を発するので、多くの製品はファンがつい

ています。安いパソコンの多くはグラフィックボードを搭載していません。その場合は、CPUに統合化されたグラフィックス機能を利用しています。

　マザーボードに差し込まれている細長いパーツがメモリです。多くの場合、基板にメモリチップと呼ばれるIC（メモリIC）を並べたメモリモジュールが使われます（P.52参照）。

　外付けUSB機器をつなぐUSBコネクタ、その他の入出力のコネクタ、ディスプレイをつなぐコネクタがあります。接続端子（コネクタ）には、マザーボードからケーブルがつながっています。

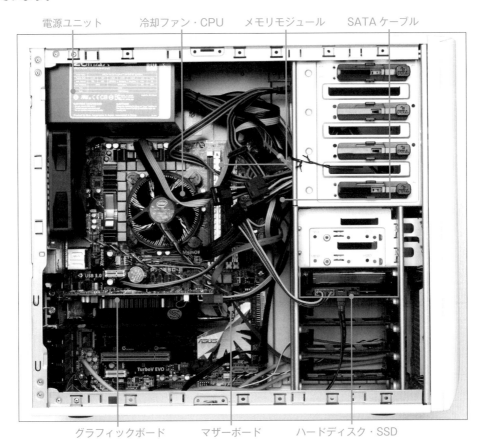

電源ユニット　　冷却ファン・CPU　　メモリモジュール　　SATAケーブル

グラフィックボード　　マザーボード　　ハードディスク・SSD

▲パソコンの中には、このように各部品が設置されている

まとめ

● もっとも働くCPUは高熱を発するので、しっかりと冷却される
● CPUのほか、電源ユニット、ハードディスク・SSD、グラフィックボード、メモリなどが内部に配置されている

02

マザーボードにはどんな機能がある？

マザーボードには、CPU やメモリなどの重要な部品をボード上の適切な位置に配置し、配線で結ぶ役割があります。

重要な部品はマザーボードに取り付けられている

マザーボードにはCPUやメモリなどの、パソコンにとってなくてはならないパーツが取り付けられています。マザーボードの構成によってパソコンで使えるパーツが決まり、パソコンの拡張性が決まります。

CPUはソケットと呼ばれる設置場所に取り付けます。ソケットの形状はいろいろあり、CPUによって使えるソケットが決まっています。逆に、マザーボードにどのソケットが搭載されているかによって、使えるCPUが決まります。

チップセットはSATAやUSB、PCI Express、LANなどの各種インターフェースを制御するLSIです。つまり、パソコン内のデータの流れをコントロールしているのです。CPUによって対応しているチップセットが決まります。チップセットを決めると、使えるインターフェースの種類と数が決まります。古いチップセットでは新しいインターフェース規格に対応できず、周辺機器の性能を引き出せないことがあります。チップセットはマザーボード上にハンダ付けされています。

メモリモジュールはメモリスロットに差し込みます。メモリモジュールの種類やメモリの容量の上限も、マザーボードによって決まります。多くのマザーボードには2～8本の偶数のメモリスロットがありますが、小型パソコンのマザーボードには1本しかない場合もあります。なお、「スロット」とは「（細長い）差し込み口」のことを意味します。

SATAとPCI Express

グラフィックス機能を強化するグラフィックボード（ビデオカード）の多くは、マザーボードのPCI Express x16の拡張スロットに差し込みます。PCI Express x16は高速性が必要なボード用に使います。

ハードディスクやSSDはマザーボードのSATAコネクタとケーブルでつなぎます。SATA

はハードディスク・SSDや光学ドライブなどを接続するための規格のことです。SATAコネクタの数で内蔵できるドライブの数が決まります。通常、マザーボード上には4〜8基のSATAコネクタが搭載されています。

　PCI Express x1の拡張スロットには各種の拡張ボードを差し込みます。PCI Express x16のスロットに比べると4分の1くらいの長さです。拡張ボードはユーザーの必要に応じて使います。たとえば、TVチューナーカードなどです。本体コネクタの増設目的で使うこともできます。USBコネクタの増設、LANポートの増設、無線LANの増設、などに使えます。

　電源コネクタには、電源ユニットからの電力供給用のケーブルをつなぎます。

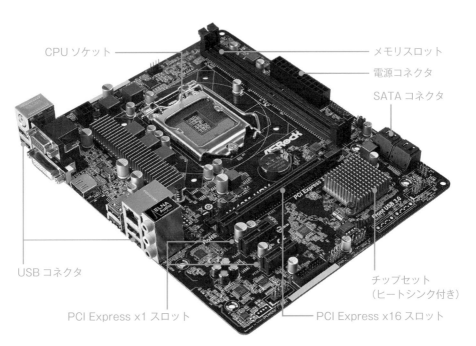

CPU ソケット　　　　　　　　　　　　　　　　　　　メモリスロット
　　　　　　　　　　　　　　　　　　　　　　　　　電源コネクタ
　　　　　　　　　　　　　　　　　　　　　　　　　SATA コネクタ
USB コネクタ
　　　　　　　　　　　　　　　　　　　　　　　　チップセット
　　　　　　　　　　　　　　　　　　　　　　　　（ヒートシンク付き）
PCI Express x1 スロット　　　　　PCI Express x16 スロット

▲ マザーボード上には各パーツを取り付けるためのソケット、スロットのほか、各種のコネクタが搭載されている

まとめ

● CPU は取り付けできるソケット、対応するチップセットが決まっている
● 拡張スロット、メモリスロットの数を見ると拡張性がわかる
● SATA コネクタや USB コネクタの数で、接続できる機器の数がわかる

Chapter 2

パソコンの内部

03

パソコンのパーツは かんたんに交換できる？

パソコンのパーツには、交換できるものとできないものがあります。
デスクトップかノートか、タブレットかで交換できるパーツは異なります。

直接ハンダ付けされている部品は交換できない

世の中には、ハンダ付けしたハンダを取り除いて部品を交換するツワモノもいるようですが、一般的な方法ではありません。マザーボードにハンダ付け、または固着されている、チップセット、コネクタ、CPUソケット、拡張スロットなどの交換は無理です。

CPUは、ソケットの形状に合うものであれば交換可能です。ただし、ソケットに取り付けできたとしても、そのCPUが出現する前に作られたマザーボードでは、新しいCPUが認識されない場合もあります。CPUがハンダ付けされている場合は交換できません。グラフィックボードやサウンドカードなどの拡張ボード類は、交換できる可能性が高いパーツです。

メモリモジュールは、スロットに差し込む部分の形状が同じものであれば交換可能です。空きスロットがあれば、メモリモジュールの増設もできます。

ハードディスク・SSD、光学ドライブはほかのパーツに比べると交換は容易です。ただし、Windowsの起動ドライブの交換はかんたんではありません。起動ドライブには特殊なファイルや特別な情報が記録されているので、ドラッグ＆ドロップなどでファイルをコピーしても、交換したドライブからWindowsを起動することはできません。あらかじめ、現在稼働中のWindowsの回復ドライブと、システムのバックアップを作成しておき、新しいドライブに交換したのち、システムを復元します。あるいはもっと手軽な方法として、ドライブの完全な複製（クローン）を作るアプリを使う方法もあります。

CPUクーラーや電源ユニットは、冷却能力や電源容量が交換前のパーツと同等以上で、かつ、パソコン本体のケースに収まる形状であれば交換可能です。

なお、自分でパーツを交換・増設するとメーカー保証の対象外になります。まだ保証期間中のパソコンでも、故障した場合の修理は有料になるので注意しましょう。

ノートパソコンは交換できるパーツが少ない

　以上の解説はデスクトップパソコンのものです。ノートパソコンの場合は、交換できるパーツは限定的です。一部の機種で、メモリモジュールが交換できるくらいでしょうか。機種によっては、ハードディスク・SSD、光学ドライブを交換できるものもあります。タブレットはパーツを交換するような使い方は想定されておらず、交換できるパーツはないと考えましょう。

▲デスクトップパソコンは容易にパーツを交換できるが、ノートパソコンはメモリなど一部パーツに限られる。タブレットはパーツを交換できないと考えておいたほうがよいだろう

まとめ

- ●マザーボードにハンダ付けされたパーツは交換できない
- ●拡張スロットに差すパーツは交換できる
- ●起動ドライブを交換する場合は、ひと手間かかる
- ●ノートパソコンの場合は、メモリやハードディスク・SSD を交換できる場合がある
- ●タブレットはパーツの交換はできない

Chapter

2

CPU

04

CPUの中には何がある？

CPU（シーピーユー =Central Processing Unit：中央演算処理装置）は
パソコンの中でいちばん重要な部品で、よく人間の脳にたとえられます。

● ● ● ● ● ● ● ● ● ● ● ● ● ●

CPUの中には何億もの部品が作り込まれている

CPUは数ミリ角のシリコンの結晶の表面に、非常に小さな部品（トランジスタ、抵抗器、コンデンサなど）を何億個・何十億個も作り込んだもので、全体で巨大な電子回路として機能します。肉眼では判別できない微小な部品は、写真技術を応用して作り込まれます。

クロックとコア

クロックは、CPUが動作するタイミングを揃えるための電気信号のことです。演奏のテンポを指示する指揮者のような役割です。1秒間に何回クロック信号を発するかをクロック周波数といいます（P.50参照）。一般に、クロック周波数が高いほどCPUは高速です。

CPUの中には、演算を行うコアと呼ばれる部分があります。2005年以後、1つのCPUに複数のコアを内蔵したCPUが登場しました。まるで1つの頭に複数の脳があるようなもので、複数の処理の要求でもスピードが低下しないことが期待できます。2つのコアを持つCPUをデュアルコア、4つのコアを持つCPUをクアッドコア、8つのコアを持つCPUをオクタコアといいます。それ以上になると、たとえば10コアはテンコアまたは日本語で「じゅっコア」と呼びます。コア数が多いほど、複数の並行処理をスムーズにこなせます。

キャッシュメモリ

CPU内部には高速なキャッシュメモリがあります。キャッシュ（Cache）は貯蔵庫という意味です。CPUはCPU外部のメモリから読み込んだデータを内部のキャッシュメモリに記憶しておき、同じデータを2度目以降に読み出すときはキャッシュメモリから読み出します。キャッシュメモリはCPU外部のメモリより反応速度が速いので、CPUは高速に処理できます。一般に、キャッシュメモリの容量が多いほどCPUは高速に動作します。

CPU統合型グラフィックス、メモリコントローラ

　画面を描画するグラフィックスコントローラ、メインメモリを制御するメモリコントローラは、以前はCPUの外部に設置されていました。そのための、わずか数センチメートルの配線が高速化のネックとなっていましたが、最近のCPUにはグラフィックス機能・メモリコントローラが統合化されています。

　一般的な用途であれば、CPUに統合化されたグラフィックス機能で十分です。3Dゲームなど、特別に高速な3次元描画が必要という場合は、それに見合った性能のグラフィックボードを使うことになります。

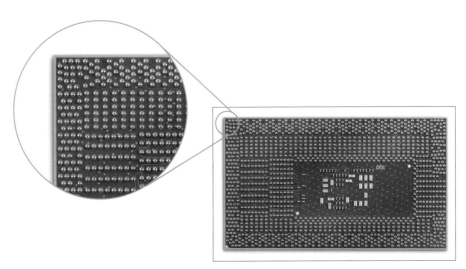

▲ CPU の裏側には、小さな接点またはピンがたくさん並んでいる

まとめ

- ●CPU の中には何億・何十億という微細な部品が作り込まれている
- ●CPU の中の演算する部分がコア。現在は複数コアの CPU が普及している
- ●CPU のキャッシュメモリは一時記憶用のメモリで、キャッシュメモリの容量が多いほうが高速である
- ●クロック周波数は CPU が動作するテンポで、周波数が高いほど高速である
- ●多くの CPU にはグラフィックス機能、メモリコントローラが統合化されている

右側縦書き：Chapter 2 パソコンの中はどうなっている？

05 CPUを高速化する技術を知りたい！

ここでは代表的な技術として、クロック周波数、マルチコア、キャッシュ、マルチスレッド、ターボブーストテクノロジについて解説します。

クロック周波数（計算のスピード）を上げる

クロック周波数は動作周波数ともいいます。これは「1秒間に何回クロック信号を発するか」という値です。一般に、クロック周波数が高いほど、CPUの処理速度は速くなります。ただし、クロック周波数が2倍になったからといって、パソコン全体の処理速度が2倍になるわけではありません。また、発熱や消費電力などの関係で、クロック周波数を高くするのにも限度があります。そこで、別の高速化技術が必要になります。

コア数（マルチな能力）を増やす

コアはCPUの処理を行う中心部分です。コア数を増やすと、CPUを高速化できます。

コアが1つしかないと、CPUは1つの処理にかかりっきりになってしまいます。その処理が終わるまでは何もできません。コア数が多ければ、処理の内容を複数のコアに振り分けることができ、複数の処理を平行してスムーズにこなすことができます。

とはいっても、処理速度はコア数に比例するわけではないため、たとえばコアが2つのCPUと4つのCPUを比べたとしても、速度は2倍にはなりません。

キャッシュメモリ（すぐに思い出せる暗記力）を内蔵する

たとえば英語の本を読むとき、手もとに英和辞典があれば、遠くの図書館まで行って単語の意味を調べるよりも効率よく読書できます。さらに、何度も見かける単語の意味を暗記してしまえば、いちいち辞典を引く必要もなく、より快適に読書できるでしょう。

CPU内のキャッシュメモリも、これと同じような働きをします。つまり、一度読み込んだデータはCPU内に覚えておき、いちいちCPUから離れたメインメモリまで読みに行かなくてもいいようにするしくみです。とくに、何度も見かけるデータはコア内のキャッシュメモリに蓄えておけば、さらなる高速化が期待できます。

ハイパースレッディングテクノロジ

　CPUの動作中、CPU内のすべての回路が常にフル稼働しているわけではなく、処理内容によっては回路に空き時間が生じます。ハイパースレッディングテクノロジ（Hyper-Threading Technology）はCPU内の空いている回路を利用して複数の仕事を処理させる技術です。スレッドは一連の仕事の最小の実行単位のことです。

　▲ハイパースレッディングテクノロジは、空いている手で別の荷物を同時に運ぶように、空いている回路を利用して同時に複数の仕事をする技術

ターボブーストテクノロジ

　コア数4のCPUで1つのコアだけがフル稼働中で、残り3つは休んでいる場合、CPUの消費電力や発熱には余裕が生まれます。このようなとき、フル稼働しているコアをクロックアップさせ、処理を早く終わらせる技術をターボブーストテクノロジといいます。

まとめ

- ●CPUのクロック周波数を上げ、動作のテンポを高速化する
- ●CPUのコア数を増やし、複数の作業を並行処理でこなす
- ●よく使うデータは高速なキャッシュメモリに覚えておき、そこから読み出す
- ●空いている回路にも仕事させるハイパースレッディングテクノロジ
- ●消費電力や発熱に余裕があるときは、コアをクロックアップして処理を早く終わらせるターボブーストテクノロジ

メモリがデータを記憶するしくみを知りたい！

Chapter 2

メモリ

06

メモリが記憶するのは「0」と「1」の2つだけです。セル（cell）と呼ばれる回路に電気が貯まっているかどうかで、2進数の0と1を記憶しています。

トランジスタとコンデンサ

　メモリIC（集積回路）の内部には、何億個以上もの部品が組み込まれています。そのほとんどは、電気を貯めるためのコンデンサと、電気を流したり止めたりするスイッチの役割をするトランジスタのペアで構成されています。コンデンサを単純化して説明すると、2枚の金属板の間に絶縁体をはさんだ構造をしていて、電気を貯めることができます。トランジスタは半導体素子と呼ばれる電子部品の一種で、条件によって電気が流れたり、電気の流れを止めたりできる性質があるため、スイッチとして使うことができます。

　コンデンサとトランジスタの1つのペアをセルといいます。1つのセルで2進数の0または1を記憶できます。つまり、2進数の数字の1桁を記憶できます。メモリICの中には何億個ものセルが整然と配置されていて、大量のデータを記憶することができるわけです。

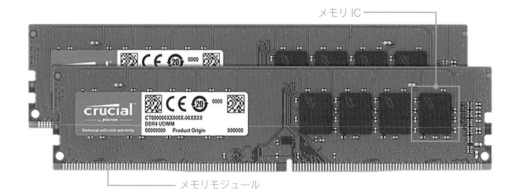

メモリIC

メモリモジュール

▲メモリモジュールには複数のメモリICのほか、高速で動作する製品は放熱用のヒートシンクを搭載している場合もある。写真はCFD「W4U3200CM-16GS」

スイッチで電気を貯めたり放電したり

　OSのメモリ管理機能からの指令を受けると、メモリIC内のアドレス線に電気が流れます。アドレス線は個別のセルにつながっている配線です。一瞬のうちに、アドレス線につながった個々のトランジスタが、スイッチオンまたはスイッチオフの状態になります。

　メモリIC内の無数のセルのうち、1つのセルが2進数の1を記憶するには、トランジスタのスイッチをオンにして、ペアを組むコンデンサに電圧をかけ、コンデンサに向かって電気が流れるようにします。すると、コンデンサに電気が貯まり、数字の1を記憶したことになります。0を記憶するには、トランジスタのスイッチをオンにして、1を記憶したのとは反対にコンデンサの電気が放電するようにします。コンデンサに電気が貯まっていない状態になるので、数字の0を記憶したことになります。

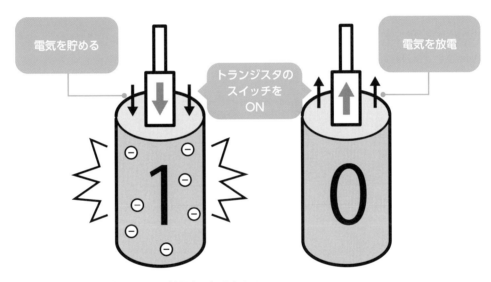

▲コンデンサに電気が貯まると1、放電すると0となる

まとめ

● メモリは電気を貯めるコンデンサと、電気を流したり止めたりするスイッチの役割をするトランジスタのペアが何億個も集まってできている
● トランジスタのスイッチをオンにして、ペアを組むコンデンサに電圧をかけると、コンデンサに電気が貯まり、数字の1を記憶する
● コンデンサに貯まった電気を放電すると、数字の0を記憶する

メモリの性能は
どこを見ればわかる？

カタログやメーカーの Web サイトでパソコンの仕様詳細を見ると、
メモリの性能がわかります。ここではメモリの性能の読み方を説明します。

容量はどれくらいか？ 規格は最新か？

　高速・大容量・省電力なメモリを実現するため、いろいろな技術が開発されています。メモリモジュールのDDR（ディディアール）表記を見ると、そのメモリにどんな技術が使われているかがわかります。DDRはメモリのデータの読み書きのタイミングを取る方式を表しています。おおむね、DDRのあとの数字が大きいほど、新しい規格で高性能です。

　2020年まで、メモリの主流はDDR4でした。DDR4は2014年から使われ始めた規格で、理論上は一世代前のDDR3の2倍の速度で動作し、DDR3より省電力です。DDR5は2021年のインテル第12世代CPUに対応する形で登場した最新の規格です。DDR5はDDR4よりさらにデータ転送効率を向上させており、今後の主流になると予想されます。なお、DDR3、DDR4、DDR5の間に互換性はなく、異なる規格のメモリで差し替えることはできません。

　デュアルチャンネルは、メモリモジュールを2枚1組で使うことを前提に、メモリとCPU間のデータ転送量を2倍にする技術です。デュアルチャンネル対応のマザーボードに、同じ規格のメモリモジュールを2枚1組で使うことで、単位時間あたりに転送できるデータ量が2倍になります。たとえば、8ギガバイトのメモリモジュールを1枚使って8ギガバイトとして使うよりも、4ギガバイトのメモリモジュールを2枚使って合計8ギガバイトとして使うほうが、理論上は2倍速くなります。

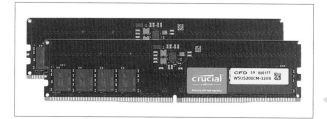

◀ 新しいDDR5規格のメモリ。写真は
CFD「W5U5200CM-32GS」

パソコンの仕様詳細にあるメモリの項を見る

パソコンの仕様詳細では、メモリの項目には以下のような情報が表示されています。

項目	詳細
標準容量	8GB（8GB × 1）
スロット数 / 最大容量	2（空き 1）/ 最大 16GB（8GB × 2）
メモリタイプ	DDR4-2666 PC4-21333

◀ パソコンのメモリの仕様は、このように表される。それぞれの項目に意味があるので、しっかり確認しておこう

　この例の場合、「標準容量」は8GBなので、パソコン購入時のメモリは8ギガバイトです。（8GB × 1）は、8ギガバイトのメモリモジュールが1枚使われているという意味です。

　「スロット数」の2（空き1）は、メモリスロットが2本あり、そのうち1本が空いているという意味です。「最大容量」の最大16GB（8GB × 2）は、メモリを最大16ギガバイトまで増設できるという意味です。（8GB × 2）は、8ギガバイトのメモリモジュール2枚まで使えるという意味です。空きスロットが1本なので、8ギガバイトのメモリモジュールをもう1枚追加すると、最大限の16ギガバイトまでメモリを増設できることになります。

　「メモリタイプ」のDDR4-2666の「DDR4」は、このメモリがDDR4メモリであるという意味です。「2666」はメモリチップの転送速度を表し、数値が大きいほうが高速です。「PC4-21333」はメモリモジュールとしての規格を表し、「PC4」はDDR4を意味します。「21333」はこのメモリモジュールの転送速度を表しますが、これはDDR4-2666の2666を8倍した数値なので、DDR4-2666の部分だけを見て「2666はこのメモリの速度の目安」と考えればよいことになります。

　なお、メモリスロットは対応するメモリモジュールによって形状が異なります。DDR規格の違いのほかにも、ノートパソコンとデスクトップパソコンでは使うメモリの大きさが違うので注意が必要です。

まとめ

- ●DDR5 はこれまでの DDR4 に替わる、新しいメモリの規格である
- ●デュアルチャンネル対応のマザーボードに、同じ規格のメモリモジュールを 2 枚 1 組で使うことで、単位時間あたりに転送できるデータ量が 2 倍になる
- ●デュアルチャンネル対応のマザーボードでは、8 ギガバイト × 1 よりも 4 ギガバイト × 2 でメモリモジュールを使うほうが高速になる

ハードディスクはどうやってデータを記録する?

ハードディスクは磁気を利用してデータを記録します。
2進数の1と0を磁力のN極とS極の並び方で記録するしくみです。

●●●●●●●●●●●●●●●●●●●●●●●●●●●●●●●●

ハードディスクのしくみ

　ハードディスクという言葉を日本語にすると「硬い円盤」です。ハードディスク内にはプラッターと呼ばれる円盤があり、アルミやガラスなどの硬い素材でできていて、記録面には磁性体が薄く塗られています。回転する円盤上を磁気ヘッドが移動して、データの読み書きを行います。2進数の1と0を磁力のN極とS極の並び方で記録するしくみです。

同心円状に作られているトラック、セクタ

　ハードディスクの記録面は、磁気により複数の同心円の区分けが作られています。この同心円をトラックと呼びます。磁気による区分けなので、目には見えません。1つのトラックはさらに細かく円弧の領域に区画分けされています。これをセクタといいます。ディスクに記録されるデータは、セクタごとに管理されています。セクタの数やトラックの数は、ハードディスクの容量によって異なります。記憶する領域の区分けは非常に微小な領域です。

　データの記録は、磁石のN極S極の並びで行います。OSの指示によって電気信号がハードディスクに流れ、磁気ヘッドの電磁石が磁力を持ちます。回転するディスクのトラック上を、磁気ヘッドがN極S極のパターンの組み合わせで磁化していくことで、データを記録し

Column

磁化の物理的しくみ

　鉄クギを棒磁石でこすると磁化され、別のクギを近づけるとくっつくようになります。実は、もとの鉄クギはバラバラな向きをした超微小な磁石が結合している状態です。棒磁石の強力な磁力により、微小磁石の向きが揃うので、クギ全体が磁力を持つことになるのです。ハードディスクはこの原理を利用しています。

ていきます。磁極のパターンがデータ化される原理をかんたんに説明すると、ディスクの回転方向にそって、N極からS極、または、S極からN極に磁力の向きが変わる場合が2進数の1で、N極からN極、または、S極からS極と磁力の向きが変わらない場合が0です。

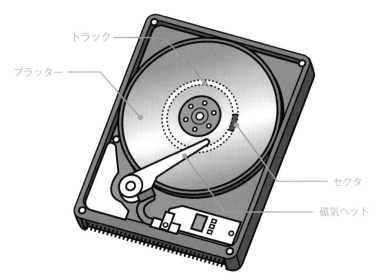

▲ 円板の同心円の区分けをトラック、トラック内の区分けされている領域をセクタと呼ぶ

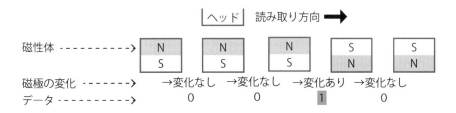

▲ N極→N極またはS極→S極と連続する部分は0、N極からS極またはS極からN極に変化する部分は1となる（読み方の一例）。記録密度を上げるため、磁性体に対して垂直に磁化する垂直磁気記録方式が主流

ま と め

- ●ハードディスクは磁気の変化でデータを記録する
- ●ハードディスクはトラックとセクタに区画分けされて管理される

SSDはどうやって データを記録する?

SSDはUSBメモリなどと同じフラッシュメモリで作られています。電気でデータを記録しますが、パソコンの電源を切ってもデータを保持します。

読み込みの速さが魅力のSSD

SSDはフラッシュメモリと呼ばれるメモリの一種です。フラッシュメモリはセル (P.52参照) と呼ばれる記憶単位を格子状に多数並べたものです。フラッシュメモリはデータの消去方法に特徴があって、1バイト (半角1文字単位) ごとに消去するのではなく、あるまとまった範囲を1ブロックとして一括消去してから新たな書き込みを行います。このように、ブロックごとに一括消去する方法をフラッシュタイプといいます。フラッシュメモリはフラッシュタイプの消去方式のメモリなのです。ブロックごと一括消去する方法にしたおかげで、構造が簡略化でき、高集積化、高速化、低コスト化が可能になりました。

ハードディスクと違い、フラッシュメモリは磁気ヘッドの移動時間がないため、データの読み込み・書き込みはハードディスクに比べて格段に高速です。ハードディスクは機械的な動作音が気になる場合もありますが、SSDの動作音は無音です。

▲SSDにはたくさんのフラッシュメモリが内蔵されている。写真はCFD「CSSD-S6B960CG3VX」

SSDの記録のしくみ

フラッシュメモリには、NAND（ナンド）型とNOR（ノア）型があります。NAND型はメモリセルを直列に接続する構造で、セルの集積度を高くできるのが利点です。現在の主流はNAND型です。フラッシュメモリのメモリセルにはMOSFET（モスフェット＝Metal-Oxide-Semiconductor Field-Effect Transistor）を使います。 MOSFETは、外部から電圧を加えることで電気の流れを制御するトランジスタです。

制御ゲートにプラスの電圧を加えると、電子はマイナスの電荷を持っているため、絶縁層を通過してフローティングゲートに貯まります。ゲートとは「門」という意味です。貯まった電子は絶縁層にさえぎられて、フローティングゲートの中から出ません。電源を切ってもフローティングゲート内に溜まったままです。これで2進数の0を記録したことになります（初期状態はセルが1の状態です）。

逆に、ソース（入口）とドレイン（出口）にプラスの電圧を加え、制御ゲートにマイナスの電圧を加えると、フローティングゲート内の電子がソースに向かって外に追い出されます。これで2進数の1を記録したことになります。

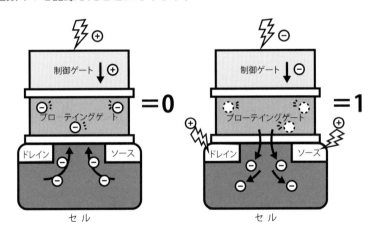

▲ セルにはドレイン（出口）とソース（入口）と呼ばれる電極がある。絶縁層にはさまれたフローティングゲート（浮遊ゲート）があり、コントロールゲート（制御ゲート）に電圧をかけることでフローティングゲート内に電子を集めたり放出したりしてデータの読み書きを行う

● SSD はフラッシュメモリを使っている
● フラッシュメモリは電子を集めたり放出したりしてデータを記録している

パソコンのビデオ機能のしくみを知りたい！

画面上の点と、画面表示用メモリ（VRAM）の記憶領域は一対一で対応しています。VRAMにデータを書き込むと、対応する画面上の点が点灯します。

画面に点を表示するしくみ

　パソコンが表示する文字や画像は点の集まりでできています。画面に点を表示するために、ビデオ表示用のメモリ（VRAM）が利用されます。VRAM（ブイラム＝Video RAM）は画面表示専用のメモリです。

　画面上の点とVRAMの記憶領域とは一対一で対応しており、VRAMのどこかの場所にデータを書き込むと、対応する画面上の点が点灯します。画面の表示解像度が高くなると、表示される画面は緻密で精細なものになります。そのかわり、それだけ大きな容量のVRAMが必要になります。フルHDの場合、1画面の点の数は横×縦＝1,920×1,080＝約207万個もあります。4Kと呼ばれる解像度では3,840×2,160＝約829万個もの点があります。4KはフルHDの4倍の点の数です。これだけ多数の点を瞬時に表示するのですから、CPUだけに負担をかけていたらほかの処理が進みません。

　そこで、描画処理を専門に受け持つGPU（ジーピーユー＝Graphics Processing Unit）が使われます。パソコンの画面表示の能力はGPUの性能が決定します。近年はGPUの機能を内蔵したCPUが増えていますが、インターネットやワード・エクセルなどの一般的な用途であれば、このようなCPUに統合されたグラフィックス機能でも十分です。3Dゲームや本格的なCG作成のように高速な描画機能が必要な用途では、高性能のGPUを搭載したグラフィックボードを追加すると有利です。

パソコンに高性能のグラフィックボードを搭載することで、より高速な画面描写が可能になる。写真はギガバイト「AORUS GeForce RTX 4070 Ti ELITE 12G」

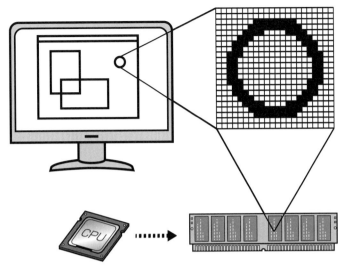

▲ GPU を搭載せず、CPU に統合されたグラフィックス機能が画面の描画処理をするパソコンも多い

画面の点に色を付けるしくみ

　画面上の１点の色を表現するとき、色の三原色である赤、青、緑をそれぞれ256段階の階調（色の濃淡の度合い）で数値化します。赤、青、緑の３色を混合することで色を表すと、表現できる色の数は256×256×256＝約1,670万色になります。これだけの色数があれば、人間の目には十分自然な色彩に見えます。

　画面全体に色を付けるにはどれくらいのデータ量が必要でしょうか？　たとえば、フルHDの場合、１画面の点の数は1,920×1,080＝約207万個あります。各点に三原色の諧調を割り当てるとすると、赤・青・緑の３色、つまり３バイトのデータが必要なので、１画面でざっと600万バイト＝約６メガバイトのデータ量になります。4K解像度ではこの４倍の約24メガバイトのデータ量になります。実際のGPUのメモリは写真画像の編集用途レベルで2ギガバイト、3Dゲームで8ギガバイトなど、高速で快適な画面表示をするために大量のメモリを搭載しています。

まとめ

- ●画面の表示解像度が高くなると、表示される画面は緻密で精細なものになる
- ●画面の表示解像度が高くなると、より大容量の VRAM が必要になる
- ●描画処理を専門に受け持つ GPU の能力がパソコンの画面表示能力を決定する
- ●一般的な用途であれば、CPU に統合されたグラフィックス機能でも十分である

パソコンのサウンド機能のしくみを知りたい！

パソコン内における音の再生は、デジタルで記録された音声データを
アナログ信号に変換することで行います。

音とデジタル

　パソコンが扱えるデータは、0と1だけからなる2進数のデジタルデータです。音は刻々
と連続的に変化するアナログデータですが、パソコンに音声を入力するとデジタルデータに
変換されます。音をデジタルデータに変換するには、PCM方式による標本化という手法を
使います。標本化は英語でサンプリング（sampling）といいます。

　PCMでは、音の信号の強さを短い間隔で測って数値にします。1秒間に何回音を計測す
るかをサンプリング周波数といい、信号の強さを何段階の細かさで測るかを量子化ビット
数といいます。サンプリング周波数が高いほど、また、量子化ビット数が大きいほど原音
に近い音質になります。音楽CDはサンプリング周波数＝44.1キロヘルツ（kHz）、量子化
ビット数＝16ビット（bit）です。音楽CDでは、44,100分の1秒の間隔で、音の強さを
65,536段階（2の16乗）に分けて計測しているという意味です。

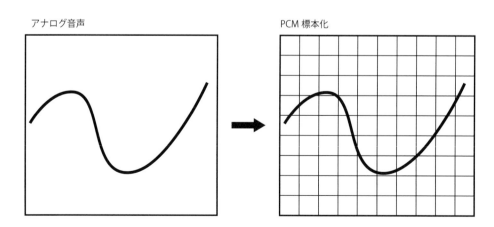

アナログ音声　　　　　　　　　　　　　PCM 標本化

▲PCM方式による標本化のしくみ

🖱 音声ファイルの圧縮形式

　音声データのファイルはもとのままではサイズが大きいので、多くの場合、圧縮してファイルサイズを小さくして使われます。MP3（エムピースリー）は圧縮率を重視したファイル形式で、もっとも一般的な音声ファイル形式です。気楽に音楽を聞く分には、十分楽しめる音質を確保できます。しかし、人間の耳に聞こえにくい音の微細な部分を省くという圧縮手法を使っているため、高音質を追求する聞き方には向いていません。

　高音質の再生、とくにCDを上回る音質といわれるハイレゾ音源の再生によく使われる圧縮形式が、FLAC（フラック）やALAC（エーエルエーシー）などのロスレス圧縮音源です。もとの音源ファイルの情報をいっさい省かずに圧縮した音声ファイル形式で、圧縮率はMP3よりも控えめですが、音質劣化がないので高音質を追及する聞き方も可能です。

▲ 音楽配信サービス「mora（モーラ）」では FLAC でハイレゾ音源
を配信している

まとめ

● 音をデジタルに変換するには、PCM 方式による標本化という手法を使う
● 音声データのファイルは圧縮ファイル形式で保存されていることが多い
● MP3 は圧縮率が高いが、高音質を追求する聞き方には向かない
● 高音質を追求するには FLAC や ALAC などのロスレス圧縮音源が向いている

12

パーツを交換すれば
パソコンは高速になるの？

パーツによっては、交換または追加することでパソコンが高速化する可能性があります。パーツの交換・追加の効果について考えてみましょう。

ハードディスクをSSDに交換すると劇的に高速化する

　パソコンの内蔵ハードディスクをSSDに交換すると、驚くような効果があります。とくに、起動ドライブをSSDにすると、OSの起動からシャットダウンまで、パソコンを使うほとんどの場面で高速化を実感できるはずです。また、ファイル保存用のドライブをSSDに交換すれば、ファイルの読み書きが大幅に高速化されます。

　ハードディスクは内部で記録用の円盤を回転させて、「磁気ヘッド」という部品が円盤上の記録位置を探し、データの記録や読み取りをします。SSDはモーターのような物理的に

▲ハードディスク内にはモーターや円盤やヘッド、アームがあり、機械的な構造による待ち時間がある。
SSDは待ち時間がほとんどないため、ハードディスクより高速でデータの読み書きができる

稼働する部品がないため、アクセスが瞬時で待ち時間が非常に短いのです。

　効果絶大なSSDへの交換ですが、「2-03　パソコンのパーツはかんたんに交換できる？」（P.46）で解説したように作業のハードルは高く、パソコンの内部をいじった経験がある人でないと難しいでしょう。とくに、起動ドライブの交換に失敗すると、パソコンが起動できなくなるリスクがあります。また、メーカーの保証期間中の場合、パーツを交換すると通常は保証が無効になります。試してみる価値は大いにありますが、未経験者はSSDへの換装サービスを行っている業者に依頼するのが安全です。

メモリを増やす

　メモリの容量が不足すると、OSはメモリに入りきらない記憶内容を一時的にハードディスク・SSDに移動（スワップ）して、見かけ上のメモリ容量を確保しようとします。ハードディスクより高速なSSDでさえも、メモリに比べると圧倒的に遅いので、スワップが発生するとパソコンが目に見えて遅くなります。このため、メモリは高速なものに交換するよりも、追加（増設）して容量を増やすほうが効果的です。メモリを挿入するスロットに空きがあれば、そのパソコンに対応するメモリモジュールを差し込むだけなので、作業は比較的かんたんです。

　スワップが発生しやすいのは、大きなデータを編集する、多数のアプリケーションを起動するなど、パソコンへの負荷が大きい操作を行うときです。パソコンにメモリを追加すると、スワップが発生しにくくなるので高速化します。ただし、普段からパソコンへの負荷が小さい作業を中心に使っている場合は、高速化をあまり感じないかもしれません。

高速なグラフィックボードを追加する

　パソコンの拡張スロットに高速のグラフィックボードを差し込むことで、グラフィック関連の高速化ができます。4K以上の高解像度のディスプレイを使う場合や、長時間の動画を快適に編集する場合、美しい3D画像が表示されるゲームをカクつき（画面の表示が遅れて、カクカクと動くこと）なしでプレイしたい場合に効果があります。

まとめ

- ●ハードディスクからSSDへの換装はかなり効果的である
- ●スワップが発生しやすい使い方の場合は、メモリの増設が効果的である
- ●グラフィック関連で不満がある場合は、高速なグラフィックボードを追加する

パソコンを長い期間快適に使うためには？

いろいろなコツを自分のものにしていければ、パソコンを長期間より快適に使えるでしょう。いくつか事例を紹介します。

パソコンの操作に慣れるほどメモリやSSDの容量が重要になる

多くのユーザーは、パソコンを使っていくうちに操作の習熟度が高くなり、操作の迷いも少なくなります。早くいえば「慣れ」てきます。

パソコンの操作に慣れると、どんなことが起こるでしょう？ 多くの場合、Webサイトを見るためにブラウザのタブを何個も開いたり、動画の作成にチャレンジしたりなど、最初のうちはやらなかった「重い作業」をするようになります。やがて自作のファイルが何千個にもなる、なんていうことになるかもしれません。

それが悪いということではありません。パソコンというものは、ユーザーが使えば使うほど、ユーザーが慣れれば慣れるほど、必然的にパソコンに負担がかかる方向に進むのです。負担がかかって作業が「重く」なると、ユーザーにとってストレスになります。だからこそ、メモリやSSDの容量が重要になるのです。

◀ パソコンで「重い」作業をするときはメモリやSSDの容量が重要になる。写真はメモリを増設して4枚にした例

🖱 パソコンを長期間快適に使うための技

　パソコンは使えば使うほど動作が「重く」なります。身もふたもない話ですが、長期間快適に使いたいならば、最初から高性能のパソコンを買うのがベストです。「このくらいの性能でいいかな？」と思ったパソコンより1ランク上の機種を買えば、最初の出費は負担でも、長期間にわたって快適に使えます。ストレスもあまり感じないので、健康にもよいでしょう。

　購入時のネタでもう1つ。交換できる箇所が多いパソコンを選んだほうが長期間使えます。たとえば、ノートパソコンはバッテリーを自分で交換できる機種のほうが有利です。メモリやSSDなども、手軽に増設・交換できる機種の方が長期間使いやすくなります。そういった意味では、拡張性の高いデスクトップパソコンの方が長く使える可能性が高いといえます。

　複数のディスプレイをつなぐマルチディスプレイにすると、一度に見ることができる情報が増えるので、快適に作業できます。最近はモバイルディスプレイと呼ばれる、持ち運びが可能なほど薄くて軽く、比較的安価なディスプレイが販売されているので、ノートパソコンでもマルチディスプレイの環境を作りやすくなっています。

　バッテリーは暑さ・寒さが苦手なほか、常に満充電の状態や充電が空の状態も劣化の原因になります。可能であれば、充電量は40～60%くらいで使うとバッテリーが長持ちします。パソコンにバッテリー管理アプリが付属していたら、それを利用するのもよいでしょう。

　無料で使えるフリーソフトやWebサービスの中には、有料ソフトよりシンプルでわかりやすく、性能も十分なものがたくさんあります。これらを積極的に使うことで、経済的な負担が減るので、パソコンを長い期間使えることになります。ついでに、パソコンの使いこなしレベルも向上するはずです。

まとめ

- ●パソコンを使いこなすほどメモリやSSDの容量が重要になる
- ●購入時に1ランク上のパソコンを買うと長期間使える
- ●交換できる箇所が多いパソコンを選んだほうが長期間使える可能性が高い
- ●マルチディスプレイ環境は作業を効率化させる
- ●バッテリーの健康に気を使うようにする
- ●無料のフリーソフトやWebサービスを使うと経済的負担が減る

パソコンの掃除はどうやるの？

ホコリや汚れがパソコンの不調・故障の原因になることがあります。
空気の流れが悪くなり、内部に熱がこもりやすくなるためです。

掃除の前にまず準備をする

　パソコンの健康にとって、定期的な掃除は意外と大切です。ちょっとした汚れならば布などで拭き取ればOKですが、本格的な掃除をするには以下のような準備が必要です。

- パソコンを終了させ、コンセントから電源ケーブルを抜き、外せる場合はバッテリーを外す。外付けの周辺機器はすべて取り外す。
- 大がかりな掃除の場合は、作業の前に重要なデータをバックアップする。
- エアダスター（ガスを吹き出してホコリを除去するスプレー缶）があると便利。
- パソコン清掃用のウエットティッシュがあると便利。薄めた中性洗剤で濡らしてよくしぼった柔らかい布でもよい。
- ホコリを吹き飛ばしてもよい場所で作業する。

▲パソコンを掃除する前に相応の準備が必要

パソコンの外側だけを掃除する場合

　本体の外面やマウス、キーボード、接続ケーブルの汚れは準備しておいた布などで拭き取ります。わずかな汚れなら、から拭きで十分です。細かい部分は爪楊枝や綿棒などで掃除します。液晶画面は表面のコーティングが剥がれる可能性があるので、専用のウェットティッシュやクリーナーなどで掃除すると安心です。

　キーボードは文字部分を強くこすると、文字が消えてしまうことがあるので注意しましょう。キーの下に入り込んだゴミはエアダスターで吹き飛ばします。たとえば、左側から右に向けてエアを噴出させて、ゴミを片側に集めて吹き飛ばします。

　本体外側の排気口の周辺は、準備した布できれいに拭き取ります。ノートパソコンは内部までいじれないことが多いので、綿棒などを使って、排気口の外側から可能な範囲でそっとぬぐう程度にします。ホコリがつもっている場合は、外側から掃除機で吸引力を「弱」にして吸うのもよいでしょう。排気口の外からエアダスターを吹き付けると、ホコリが内部の奥深くに移動してよくないので注意しましょう。

パソコンの内部も掃除する場合

　デスクトップパソコンの場合、カバーを外して内部を掃除します。作業の前に、ドアノブやサッシ窓など身近な金属部分に触れて、体から静電気を逃がしておきましょう。

　内部のホコリはエアダスターで吹き飛ばします。とくにファン周りを重点的に掃除しましょう。狭い場所は割りばしや綿棒なども使います。ファンは指などで無理やり回さないように、そっと扱います。ホコリが多い場合は掃除機を使いたくなりますが、掃除機のヘッドを内部の部品にぶつけて壊してしまう危険性もあるので注意して行いましょう。

　最後に、内部のケーブルの接続が緩んでいないか確認して、カバーを取り付けます。

まとめ

- 電子部品は高熱が苦手なのに高熱を発するので、定期的に掃除をして空気の流れをよくすることが大切
- ホコリを吹き飛ばすエアダスターがあると便利
- パソコン清掃用ウエットティッシュやクリーナーがあると便利

なぜ A ドライブや B ドライブはないの？

あたりまえですが、存在しないドライブにはファイルを保存できません。ここで疑問が湧いてきます。なぜ、Windows のドライブは C ドライブ以降で、A ドライブと B ドライブが存在しないのでしょう？ A ドライブが先頭でないことに、釈然としない気持ちを抱いていた人もいるはずです。

実は、1980 年代までのパソコンには A ドライブと B ドライブしかないものが多かったのです。当時のパソコンは現在と違い、フロッピーディスクドライブ（FDD）が起動ドライブとして使われていました。ハードディスクはまだ珍しい存在で、非常に高価で気軽には買えない（庶民にとっては）贅沢品でした。このため、みんなが使うフロッピーディスクドライブに A、B が割り当てられ、希少派のハードディスクには C 以降の文字を割り当てたのです。

やがてハードディスクが普及し、CD など光学メディアや大容量の USB メモリが登場すると、2005 年ごろからフロッピーディスクドライブを搭載しないパソコンが増えてきました。ソニーは国内メーカーとして最後までフロッピーディスクの取り扱いを続けていましたが、2011 年に終了しています。もし現在でもフロッピーディスクが使われているのを見かけたら、それはとてもめずらしい体験といえます。

▲ ハードディスクが一般化する以前はフロッピーディスクがパソコンの起動ドライブだった

3

パソコンをさらに
便利にする周辺機器

Index

周辺機器は
何のためにある？

印刷のようなパソコン本体だけではできない作業をしたり、外部にファイルを
保存するなどしてパソコンをより快適に使うためには、周辺機器が必要です。

パソコンを多用途に使うために周辺機器を利用する

　パソコンの用途によっては、別に専用の周辺機器が必要になることがあります。周辺機器
とは、パソコン本体と組み合わせて使用する機器のことです。

　書類を印刷するにはプリンターを、逆に書類をパソコンに取り込んでデータ化するにはス
キャナーを使います。写真や動画はそれぞれデジタルカメラやデジタルビデオカメラで撮影
するほか、スマートフォンで撮影してパソコンに取り込むこともできます。インターネット
につなぐときは、ルーターや無線LAN機器を用意します。本体にDVDやBlu-rayディスク
のドライブがない場合でも、外付けの光学ドライブをつなげばOKです。

　パソコン購入時に、将来やりそうなことすべてに対応できるような買い物をしなくても、
必要な時に必要な周辺機器を用意すれば、パソコンをいろいろな用途に使うことができると
いうわけです。

▲ 印刷が必要になったらプリンターを追加購入する。周辺機器で
どんどん機能を拡張できるのがパソコンのよさだ

パソコンをより快適に使うために周辺機器を利用する

　パソコンにもとから備わっている機能を強化する場合にも、周辺機器は活躍します。一例としては、複数のディスプレイを使うマルチディスプレイです。各ディスプレイに別々の画面を表示させることもできるので、一度に多くの情報を見られるようになります。一般にノートパソコンの画面は小さいですが、自宅で使うときには大画面のディスプレイにつなぐようにすれば、さらに快適に操作できるでしょう。

　パソコン本体の記憶容量が不足がちな場合は、外付けのハードディスク・SSD を使います。データの持ち運びは USB メモリを使うほか、USB 接続のメモリカードリーダーを利用して SD カードを使うこともできます。本体の音質・音量では満足できない場合は、アンプやスピーカー、ヘッドフォンをつなぎます。ノートパソコンのタッチパッドの操作が苦手な人はマウスを使っているかもしれません。マウスも周辺機器の一種です。

　このように、現状での操作性に何らかの不満や不足を感じるときは、周辺機器を追加することで改善される場合があります。

▲DVD に記録した映像をノートパソコンから大画面に映して楽しむこともできる

ま と め

● パソコン本体だけではできない作業をするために周辺機器を使う
● パソコン本体の機能・性能を周辺機器で補うことができる

Chapter
3
パソコンをさらに便利にする周辺機器

いろいろある コネクタの役割は？

パソコンにはいろいろなインターフェースと、それに対応するコネクタ（差し込み口）が搭載されています。代表的なのは USB コネクタです。

USBコネクタが代表的

インターフェースとは、機器と機器とをつなぐ部分の規格や、データを交換する方法の取り決めのことです。USB（ユーエスビー =Universal Serial Bus）は、パソコンのもっとも一般的なインターフェースです。最大の利点は、キーボード、マウス、プリンター、外付けドライブ、USBメモリなど、さまざまな機器をかんたんに接続できることです。

USBにはいくつかのバージョンと規格があります。

パソコンの USB コネクタの形は Type-A か Type-C

以前から使われてきたUSB Type-Aのコネクタには上下の区別があり、差し込む際に確認が必要です。無理に押し込むとコネクタが壊れます。2015年に登場したUSB Type-Cのコネクタには上下の区別がなくなり、向きを気にせずに差し込めるので便利です。

USB の規格	最大転送速度	特徴	コネクタの種類
USB 2.0	約 0.5Gbps	低速だがすべての USB で使える	Type-A ／ Type-C
USB 3.0	5Gbps		Type-A ／ Type-C
USB 3.1 Gen1	5Gbps	USB3.0 以降は高速で、外付け HDD などにも使える。USB2.0 はプリンター、キーボード、マウスなど比較的低速な機器用に使う	Type-A ／ Type-C
USB 3.1 Gen2	10Gbps		Type-A ／ Type-C
USB 3.2 Gen1	5Gbps		Type-A ／ Type-C
USB 3.2 Gen2	10Gbps		Type-A ／ Type-C
USB 3.2 Gen2x2	20Gbps	2 組の信号線とも使っている	Type-C
USB4 Gen3x2	40Gbps	Thunderbolt 4 と同等の速度	Type-C

※ USB は規格の名前ではなく、速度の数値部分で分類するとわかりやすい。つまり、USB 3.0=USB 3.1 Gen1=USB3.2 Gen1（Gen はジェネレーション、世代の略）。同様に、USB 3.1 Gen2=USB3.2 Gen2。Gen は「ジェン」と読むことが多い。

※ Type-A のコネクタはバージョンが上がるごとに内部構造が異なる場合がある。Type-B コネクタは Type-A の接続相手となる機器側のコネクタである。

USB Type-Cは今後の主流で、機能的にも優れています。パソコン側が対応していれば、HDMIやDisplayPortなどへの映像信号を流すこともできます。Thunderbolt 3/4（サンダーボルト）という、USBよりも高速・高機能な規格でのデータ転送でも使われています。

その他のコネクタ（差し込み口、端子、ポート）

パソコンにはUSBのほか、有線LANのケーブルを差しこむLANポート、ディスプレイを接続するためのDisplayPortやHDMIコネクタなども用意されています。外部スピーカーやヘッドフォンで音を鳴らす音声出力コネクタのほか、音声を入力するマイクコネクタを備えたパソコンもあります。

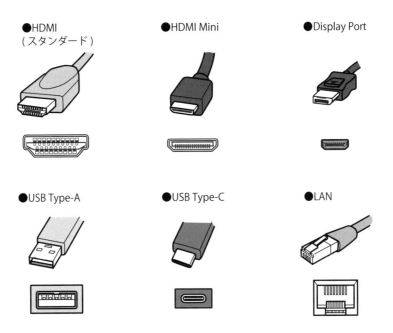

● HDMI（スタンダード）　●HDMI Mini　●Display Port
●USB Type-A　●USB Type-C　●LAN

▲パソコンに搭載されている主なコネクタ（差し込み口）に接続するケーブル

まとめ

● USB にはさまざまな周辺機器をつなぐことができる
● USB は 2.0 よりも 3.2 のほうが圧倒的に速い。同じ 3.2 でも、3.2（Gen2）は 3.2（Gen1）の 2 倍ほど速い
● USB Type-C はコネクタが扱いやすいうえ、映像信号の転送や高速＆高機能な Thunderbolt にも対応できる

Thunderboltと USBの違いは？

Thunderbolt と USB はコネクタの形状と利用目的が同じため、よく混同されます。両者の特徴と違いについて説明します。

Thunderbolt はもともとは Mac で使われていた

　Thunderbolt（サンダーボルト）はインテル社とアップル社が開発したデータ転送の規格で、もともとは Mac で使われてきました。Thunderbolt 3 から USB Type-C コネクタを使うようになり、Windows パソコンにも搭載されるようになりました。最新の規格は 2020 年 1 月に発表された Thunderbolt 4 です。

　Thunderbolt が旧来の USB と違う点は、USB Type-C コネクタに用意されているオルタネートモードを最大限に使っていることです。「オルタネート」（Alternate）とは、USB のデータ転送と並行して、USB 以外のデータも転送できることを表しています。オルタネートモードがとくに威力を発揮するのは、DisplayPort（映像出力）用として使う場合です。Thunderbolt 4 ではオルタネートモードで使える通信線をフル活用することで、最大 40Gbps という超高速のデータ転送を実現しています。

今後は Windows パソコンでも Thunderbolt 4 が主流に

　USB Type-C のオルタネートモードの威力は絶大です。たとえば、外付け SSD を使う場

▲MacBook Pro の Thunderbolt 4 コネクタ（左）と Thunderbolt 4 ケーブル。コネクタは USB Type-C と同一だが、稲妻マークと Thinderbolt のバージョンを示す数字が刻印されている

合は、Thunderbolt 4の最大40Gbpsのデータ転送速度により内蔵SSDと同等の快適さが実現します。また、Thunderbolt 4ではこれまでのすべてのUSB規格のデータ転送ができるほか（USB 3.2 Gen2x2はオプション）、8Kなら1台、4Kなら2台までの映像出力ができます。さらに、PCI Express 3.0（32Gbps）のデータ転送も可能で、グラフィックボードを外部接続することもできます。これにより、ノートパソコンにThunderbolt 4対応のグラフィックボードを追加して、最新のゲームや動画編集を快適に楽しむことができるようになります。

　Thunderbolt 4とThunderbolt 3を比較すると、最大転送速度は40Gbpsで同じです。しかし、Thunderbolt 3は映像出力は4K1台、USB規格でのデータ転送はUSB 3.1 Gen2、PCI規格のデータ転送はPCI Express 3.0（16Gbps）だったので、Thunderbolt 4になって性能が向上しています。

　また、Thunderbolt 4とUSB4の比較では、最大転送速度は40Gbpsで同じですが、PCI Express 3.0（32Gbps）への対応や映像出力が4K2台まで可能などの点で、Thunderbolt 4のほうが高性能です。どちらもType-Cコネクタを使うため、ケーブルが似ていて外見からは区別がつきにくい場合もあります。実際、両者のケーブルは兼用できることも多いのですが、まったく同じというわけではないので、本来は区別して使うのがベストです。

　今後のパソコンでは、性能面でUSB4より有利なThunderbolt 4対応コネクタが主流になるはずです。両者の違いについては、Thunderbolt 4はUSB4の上位の互換と考えられます。言い換えると、Thunderbolt 4とUSB 4は別の規格だが、USB 4でできることはThunderbolt 4でも可能で、両者は同等と考えてよいが、Thunderbolt 4が一歩先を行っている、となります。

まとめ

- Thunderbolt はインテル社とアップル社が開発した規格で、もともとは Mac で使われてきた
- Thunderbolt はオルタネートモードを最大限に利用して、最大 40Gbps のデータ転送、高解像度の映像出力、グラフィックボードの利用などが可能
- Thunderbolt 4 は USB4 を含んだ規格であり、今後は Thunderbolt 4 が主流になると予想される
- Thunderbolt 4 と USB4 の違いはあまり意識せずに使えるが、ケーブルは兼用できない場合もある

デバイスドライバーには
どんな役割がある？

デバイスドライバーは OS が周辺機器を認識できるようにして、
アプリケーションから周辺機器を使えるようにするためのソフトウェアです。

周辺機器とアプリケーション間の情報の受け渡し役

　OSやアプリケーションが稼働するためには、周辺機器（デバイス）とOSの間で情報の受け渡しをする必要があります。この情報の受け渡しをするのがデバイスドライバー というソフトウェアです。

　キーボードを例に説明します。ユーザーがキーを押すと、パソコンに信号が送信されます。デバイスドライバーがこの信号を「A」や「B」などの文字に置き換えてくれるので、さまざまなアプリケーションでキーボードから入力した文字を処理できます。

　パソコンにプリンターを接続したり、グラフィックボードを追加するなどした場合、各機器用のデバイスドライバーをインストールする必要があります。インストールしたデバイスドライバーはOSの一部として動作します。キーボード、マウス、USBメモリなど、どのパソコンでも使う標準的な機器はOSが標準ドライバーを内蔵しているため、その機器固有のデバイスドライバーをインストールしなくても利用できます。一般には、特殊な機器でもない限り、機器のメーカーから提供されたデバイスドライバーが「Windows Update」から自動的にインストール・更新されています。

　周辺機器からアプリケーションへの信号は、以下のように進みます。

周辺機器	▶	その機器固有の デバイスドライバー	▶	OS	▶	アプリケーション

　逆に、アプリケーションから周辺機器への出力は、以下のように進みます。

アプリケーション	▶	OS	▶	その機器固有の デバイスドライバー	▶	周辺機器

どうしてデバイスドライバーを使うのか？

周辺機器の中には、その機器固有のデバイスドライバーをインストールしないと使えないものもあります。その場合、デバイスドライバーは周辺機器に付属するか、メーカーのWebサイトからダウンロードで提供されます。

ところで、どうしてデバイスドライバーなんてものを使うのでしょうか？　仮に、以前使っていた周辺機器を買い替えて新しくしたとします。このとき、左ページの上の図の信号の流れのうち、[周辺機器] → [その機器固有のデバイスドライバー] の部分が、[変更した周辺機器] → [変更した機器固有のデバイスドライバー] に変わります。その先の [OS] → [アプリケーション] の部分は変更する必要がありません。

つまり、機器の変更による差異があるとしても、変更した機器のドライバーが、機器の差異を吸収してくれるのです。このおかげで、新しい機器を使う場合でも、OSとアプリケーションはそのままで使えることになります。

▲Web サイトからドライバーをダウンロードする機会も多い

まとめ

- デバイスドライバーは、周辺機器と OS の間で情報の受け渡しをするソフトウェアである
- デバイスドライバーをインストールすると、OS の一部として動作する
- デバイスドライバーが機器の差異を吸収してくれるおかげで、新しい機器を使う場合でも、OS とアプリケーションは変更せずに使える

ディスプレイが映像を映すしくみを知りたい！

代表的なディスプレイが「液晶ディスプレイ」。液晶という化学物質が、光を通したり遮断したりすることで、画面上に点を表示しています。

液晶は光のシャッターの役割をする

　液晶とは「固体と液体との中間的な状態である化学物質」のことです。液晶は、電圧をかけると光の通り方が変化する「偏光」という性質を持っており、液晶ディスプレイは液晶の化学的な性質を利用して、画面の点ごとに光が通るか通らないかをコントロールしています。

　液晶自身は光を発しないので、液晶パネルの背面には光源となるバックライトが置かれています。バックライトから出た光は赤・緑・青（RGB）の色に分けるフィルタを通過し、液晶に向かいます。その後の液晶の役割は、カメラのシャッターにたとえるとわかりやすくなります。

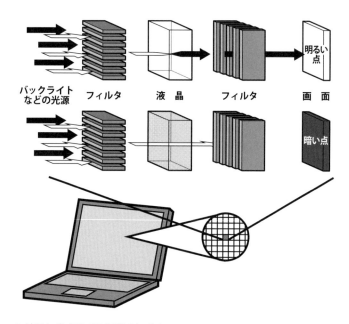

▲液晶に光を当てる偏光のしくみ

　液晶ディスプレイ上の表示する点それぞれに、明暗に応じた電圧がかかることによって、点ごとのシャッターが光を通したり通さなかったりします。すると、シャッターが全開の点は明るく、半分閉じている点は暗く、全部閉じている点は黒く見えるというわけです。

新しいタイプのディスプレイ

　有機EL（イーエル）ディスプレイはバックライトを使わず、各点そのものが発光します。特定の有機物に電気を流すと固有の色で光る現象を利用しています。液晶ディスプレイと比べて有機ELディスプレイは鮮明な画像を得やすく、動きの激しい画面変化への対応速度が優れています。また、省電力で視野角が広く、薄くて軽いディスプレイを製造できることも利点です。その反面、現時点では液晶に比べて価格が高いという短所があります。

　ミニLEDディスプレイは液晶ディスプレイのバックライトの光源として使われていたLEDを微小化して、画面全体に数万個も敷き詰めた構造です。これにより、画面の細かい部分ごとに明暗をコントロールし、コントラストの高い、鮮やかな画面表示を実現します。

　これらとは異なる視点での新しいタイプとして、モバイルディスプレイをあげておきます。従来の液晶ディスプレイと構造は同じですが、薄型コンパクトで軽く、ノートパソコンでも手軽にマルチディスプレイ環境を実現できます。画像出力に対応したUSB Type-Cを利用できれば、ケーブル1本で複数の画面表示が可能です。

◀ 有機ELディスプレイは画面が鮮明で画面変化の対応速度に優れている。写真はギガバイト「AORUS FO48U」

Chapter **3** パソコンをさらに便利にする周辺機器

まとめ

● 液晶は電圧をかけると光の通り方が変化する性質（偏光）がある
● 液晶の性質を利用すると、画面の点ごとに光の通り方をコントロールできる
● 一般的な液晶ディスプレイはバックライトからの光を光源にしている
● 有機ELディスプレイなど、新しいタイプのディスプレイも注目されている

なぜタッチパネルは指で操作できるの？

タッチパネルにはセンサーが内蔵されていて、指が触れた位置がどこかを検出します。このセンサーには、主に感圧式と静電容量式が使われています。

感圧式とは？

感圧式は押された圧力を感知する方式で、抵抗膜方式とも呼ばれます。電気を通す膜を貼ったガラスとフィルムを、わずかなすき間をあけて貼り合わせた構造です。

指やペンでフィルムを押すと、向き合わせになった膜が接触し、電気が流れ、押した場所の情報を検出します。構造が単純なので製造コストが安く、裸の指でなくても、手袋をしていたりペンで押したりしても反応するのが利点です。短所は、フィルムや膜を通して画面表示を見るため、表示がぼけやすいという点です。

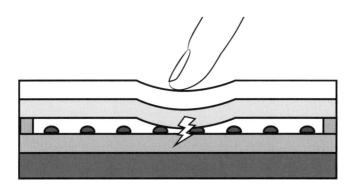

▲ 感圧式タッチパネルのしくみ。電気を通す膜どうしが触れ合うことで電流が流れる

主流の静電容量方式とは？

人体はわずかに静電気を帯びているので、画面を指でさわると微弱な電流が流れ、液晶パネル上の静電容量が変化します。この静電容量の変化を、液晶パネルに縦横に並べた透明電極で検知して、押した位置を特定するのが静電容量方式です。最近のタッチパネルは静電容量方式のものが主流で、スマートフォンでも使われています。

　静電容量方式のよい点は、画面を完全にさわる直前にも反応すること、高速・正確に位置を検知できること、一度に複数個所のタッチを検出できること、感圧式に比べて画面表示のクリアさを保てることです。短所は、電気を通さない物でさわった場合に反応しないことです。このため、ペンを使う場合は専用ペンが必要です。

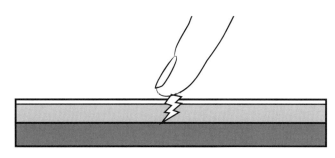

▲静電容量方式のしくみ。静電気を帯びた指で触れることで電流が流れる

◀静電容量方式のタッチパネルでは、タッチペンは専用のものが必要。先端には静電気を通すための導電性の高い素材が使われている

まとめ

- 感圧式は、押すと電気が流れるしかけで位置を検出する
- 静電容量方式は、人がさわった時の静電容量の変化を検出する
- 静電容量方式は電気を通さない物で触れると反応しない
- 最近の主流は静電容量方式である

ディスプレイ

07

ディスプレイの「4K」「8K」ってなに?

4K、8Kはディスプレイの解像度を表す言葉です。現在もよく使われているフルHDと比べて、本物に近いリアルな映像を表示できます。

Kは1000を表す「キロ」を意味している

「4K」や「8K」は画面解像度のことで、4Kは「ヨンケー」または「フォーケー」、8Kは「ハチケー」または「エイトケー」と読みます。「K」は1kmや1kgのkと同じで、K=1,000を表します。つまり、4Kは4,000、8Kは8,000です。

ディスプレイの画面は多数の点＝画素(ピクセル)で表示されています。4Kは画面を横3,840×縦2,160個の点で表示しています。横の3,840がおよそ4,000なので、この解像度を4Kと呼ぶのです。8Kは画面を横7,680×縦4,320個の点で表示しています。

2023年現在ではフルHD(フルハイビジョン)のディスプレイが多く使われています。フルHDは横1,920×縦1,080なので、「2K」と呼ぶことができます。画面の縦横の画素数が2倍になると、全体の画素数は4倍になります。このため、フルHDと比べて4Kは4倍、

▲ フルHDと比べて、4Kは4倍、8Kは16倍の画素数による高密度な画面表示ができる

8Kは16倍の画素数になります。

　画素数が多いほど高密度な表示になるので、よりリアルな映像を楽しむことができます。フルHDと比べると4Kでも見違えるほどきれいですが、8Kになると本物と見分けがつかないほどのリアルな映像を表示できます。テレビやパソコンのディスプレイのほか、外科手術のモニターなど、高度な信頼性が必要な用途への利用も期待されています。

🖱 4Kディスプレイをパソコンでどう使うか？

　今後、主流になる4Kディスプレイをパソコンで使うと、大画面でリアルな映像を映すことができます。NetflixやYouTube、その他いろいろなWebサービスで4Kビデオを楽しめるようになります。

　4Kディスプレイの広い画面表示を利用すると、エクセルの巨大な表であっても、広い範囲を一度に表示できます。また、エクセルの表＋ブラウザの画面というように、複数のウィンドウを同じ画面内に並べて作業することもできます。ディスプレイに画面分割機能があれば、1台だけでマルチディスプレイのような環境を実現できます。

　ただし、メリットばかりではありません。同じ画面サイズで高解像度の表示にすると、文字やアイコンが相対的に小さく表示される場合があります。その場合はWindowsの「設定」の「ディスプレイ」を選んで、拡大・縮小を調節するとよいでしょう。この観点からすると、4Kディスプレイは画面サイズの大きいものを選ぶ方がメリットを活用しやすいといえます。

　また、CPUやグラフィックボードもある程度の高性能なものが要求されます。フルHDの場合よりもCPUやグラフィックボードへの負荷が高くなり、パソコン内部の発熱が大きくなるので、十分な冷却性能も必要です。古いグラフィックボードは4K・8Kに対応していない可能性があるので、数年前に購入したパソコンで4K・8Kのディスプレイを使う場合は要注意です。

Chapter 3 パソコンをさらに便利にする周辺機器

まとめ

- 4Kの画面は横3,840＝およそ4,000の点で表示している
- 4KはフルHDの4倍、8Kは16倍の画素数で緻密な画面表示ができる
- 高密度の画面表示のほか、複数のウィンドウ表示で作業の効率も改善できる
- 4K、8Kのディスプレイを使う場合はパソコン側が対応しているか注意する

08

プリンターには
どんな種類がある？

プリンターには、大きく分けてインクジェットプリンターとレーザープリンター
の2種類があります。両者の違いを知り、用途に合ったタイプを選びましょう。

インクジェットプリンターとは？

インクジェットプリンターは、家庭用のプリンターとしてはもっとも普及しているタイプです。細かい粒子状にしたインクを紙に吹き付けることで印刷します。安価で軽量コンパクトに作ることができ、印刷速度もそこそこに速いという利点があります。

技術が進歩し、インクの色数を増やしたり、点ごとのインクの吹き付け量や、色の重ね合わせを制御することで、ほとんど写真と変わらない微妙な色彩を表現できるようになっています。用途としては、どちらかというと、一般の文書印刷よりも写真印刷に向いています。

用紙はインクジェットプリンター専用の用紙を使います。高画質写真用の用紙を使うと、光沢のあるつややかな印刷ができます。難点は、本体が低価格なのに対してインクが割高なことです。通常はインクの色ごとにカートリッジが分かれていますが、インクが1色でもなくなるとまとめて交換するタイプのプリンターはインク代がかさむことになります。

なお、インクジェットプリンターはカートリッジ方式のほか、インク代が安く抑えられるエコタンク方式の製品もあります。

▲インクジェットプリンターは家庭用として広く使われている。
　写真はエプソン「EP-885AW」

レーザープリンターのしくみはコピー機とほぼ同じ

　レーザープリンターのしくみはコピー機とほぼ同じです。静電気を帯びた回転ドラムにレーザー光で図形を描き、トナーと呼ばれる樹脂粉末を吸い寄せ、紙に加熱圧着して印刷します。

　レーザープリンターの利点は、にじみのないくっきりとした精細な印刷ができることです。印刷が高速なことも長所です。トナーもカートリッジ1本で印刷可能な枚数が2,000～3,000枚にもなるので、1枚当たりの印刷コストはそれほど高くはありません。なお、カラーレーザープリンターは色ごとに異なるトナーを使うので、モノクロレーザープリンターより消耗品のコストが高くなります。

　用途としては、どちらかというと、写真印刷よりも一般の文書印刷に向いています。以前は難点だった価格の高さですが、現在はインクジェットプリンターより安いくらいの低価格で販売されている製品もあります。もう1つ難点だった消費電力の多さも、技術の進歩によりかなり低消費電力になってきています。ただし、インクジェット式に比べてサイズは大きく、重くなります。

▲ コピー機と同じ印刷技術を用いているレーザープリンター。写真はキヤノン「Satera LBP674C」

まとめ

- ●インクジェットプリンターは細かい粒子状のインクを吹き付けて印刷する
- ●インクジェットプリンターはインクが割高になる傾向がある
- ●レーザープリンターはコピー機とほぼ同じ原理で、粒子状のトナーを加熱圧着して印刷する

Chapter **3** パソコンをさらに便利にする周辺機器

インクジェットプリンターのしくみを知りたい！

インクジェットプリンターは、C（シアン）M（マゼンタ）Y（イエロー）と
K（黒）の4色のインクを紙に吹き付けて、さまざまな色を表現します。

極小の点の集まりで画像や文字を表す

インクジェットプリンターは細かい粒子状のインクを紙に吹き付けて印刷します。プリンターのヘッドが用紙の表面を左右に往復し、ヘッドが往復するごとに用紙が縦方向に紙送りされ、少しずつ画像や文字が印刷されていきます。インクはヘッドのノズルから紙に吹き付けられます。ヘッドにはノズルがびっしりと並んでいます。ノズルはインクが飛び出るパイプ状の出口のことで、人間の髪の毛よりも細い管です。

プリンターの性能の指標の1つに解像度があります。解像度は印刷の点のきめ細かさのことです。単位はdpi（ディーピーアイ＝dots per inch）で、1インチ（2.54センチ）の幅にどれだけの個数の点を表現できるかを表します。解像度が高くなるほど緻密に印刷できますが、機種それぞれに工夫された技術のほかに、印刷用紙の選び方やもとの写真の画質によっても影響を受けます。解像度の数値は性能の目安にはなりますが、それだけでプリンターを評価することはできません。

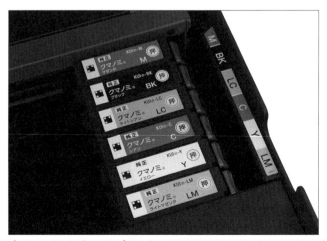

▲ エプソンのインクジェットプリンター EP-879AC のインクカートリッジ部分

微妙な色彩を美しく表現するための工夫

インクジェットプリンターはC（シアン）M（マゼンタ）Y（イエロー）とK（黒）の4色を使ってさまざまな色を表現します。KはKey Plate（キープレート）の略で、イエロー・マゼンタ・シアンに加えて、黒をきれいに印刷するために黒インクを使うことを意味します。微妙な色は、複数の色の吹き付け比率を調節して作ります。たとえば、シアンとマゼンタを1:1の比で吹き付ける点と、2:1で吹き付ける点では色が異なります。各点のインクの吹き付け量を細かく調節すれば、より微妙な色彩が表現できます。さらに、各色のインクをわずかにずらして吹き付けて、微妙な色の階調を作ります。この技法をディザリング（Dithering）といいます。

結局は、写真や文字を点の集まりで表現しているわけですから、厳密にいうともとの写真とまったく同じに印刷できるというわけではありません。しかし、非常に細かい点で印刷するので、人間の目には十分に高画質の印刷に見えます。

ほとんどのインクジェットプリンターは染料インクを使用しています。染料インクは水溶性のインクで、紙に染み込んで色を付けます。機種によっては、印刷の品質を重視する意味で、CMYKの染料インクに黒の顔料インクを加えて5色のインクを使います。さらにグレーを加えて6色を使うプリンターもあります。顔料インクは不溶性でにじみにくいので、文字がくっきり印刷できます。グレーやほかの中間色を加えると、淡い色の表現力が向上します。

●ディザリングによる濃淡の表現

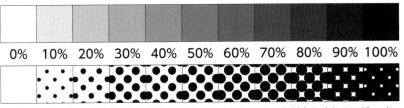

▲印刷では、点の大きさで色の濃淡を表現する。1つ1つの点が大きくなるほど、インクの占める面積が大きくなり、濃い色となる

まとめ

- インクジェットプリンターはヘッドが左右に往復しながら、細かい粒子状のインクを紙に吹き付けて印刷していく
- 微妙な色は、複数の色の吹き付け比率を調節して作る
- 吹き付ける点をわずかにずらすディザリングという技法を使って、微妙な色の階調を作る

光学ドライブの
しくみを知りたい！

光学ドライブは、CDやDVDなどのキラキラした表面からどのようにしてデータを読み書きしているのでしょうか？　ここではそのしくみを紹介します。

反射光の強さの変化でデータを記録する

　光学メディアはCD、DVD、BD（ブルーレイディスク）など、レーザー光でデータを読み書きするディスク（メディア）の総称です。光ディスクともいいます。光学メディアを実際に読み書きする機器が光学ドライブです。

　光学メディアにはランドと呼ばれる平坦な部分があります。ランドにはピットと呼ばれるくぼみ（メディアによっては出っぱり）があり、データの記録に使われます。レーザー光線をピンポイントで光ディスクに照射し、反射光の強さをセンサーで読み取ります。

　ディスクを回転させて光を当て、ランドの部分とピットの部分で反射光の強弱が変化するところを記録データの開始または終了位置として検出し、検出したピットの長さをもってデータに読み替えます。

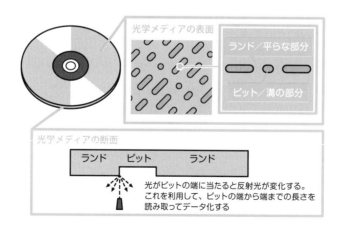

▲反射光の変化を読み取ってピットの長さを調べ、ピットの長さによってデータに読み替えられる

レーザー光の熱でデータを書き込む

データの書き込みには、大きく分けて2とおりのしくみがあります。1回だけ書き込める（容量いっぱいまで追記可能）CD-R、DVD-R、BD-Rなどへの書き込みと、何度も書き換えできるCD-RW、DVD-RW、BD-REなどへの書き込みです。

CD-R、DVD-Rなど、一度だけ書き込めるRタイプの光学メディアの記録層は、熱を加えると変性する有機色素を塗布した膜でできています。書き込み用の高出力レーザーを当てると、熱した部分の有機色素が高熱で変質して、ピットを形成します。CDやDVDなどを作成することを「焼く」と表現するのは、このしくみが由来です。変質した色素の部分はもとに戻せないので、このタイプの光ディスクは一度しか書き込みできません。

CD-RW、DVD-RWなど、何度も書き込めるタイプの光学メディアの記録層には特殊な合金が使われています。この合金に高出力レーザーを当てると、熱した部分が非結晶質に変化し、その部分がピットになります。低出力レーザーを当てると、比較的低温で熱せられることにより結晶質に変化し、その部分のピットが消えます。

加える熱の強弱によって、ピットを作ったり、消したりできるので、このタイプの光ディスクは最大1万回程度の書き換えが可能です（製品によります）。

書き換えできない光学メディアの用途

書き換えできない光学メディアが、CD-ROM、DVD-ROM、BD-ROMなどのROM（ロム）タイプの光ディスクです。アプリケーションのパッケージ、音楽CDや映画のDVDに使われています。ROMタイプの光ディスクは、金型プレスによってスタンプのようにピットを転写し、アルミを蒸着させて反射層を作ります。工場で一度しか書き込みできませんが、プレス作業で大量に複製することができます。

まとめ

- 一度だけ書き込めるRタイプと、何回も書き換えできるRWタイプがある
- レーザー光でピットを作り、ピットとランドの部分で光の反射が変化するのを検出してデータを読み取る
- Rタイプの光ディスクは有機色素の膜を焼いてピットを作る。「CD（DVD）を焼く」という言葉の由来になっている

Chapter 3 パソコンをさらに便利にする周辺機器

USBメモリはどんな場面で活用する？

手軽に利用できる外部ストレージとして広く普及しているUSBメモリ。
パソコン間のデータのやり取り以外にも、さまざまな用途で使われています。

ファイルの受け渡しに便利だが、無視できないリスクもある

ほとんどのパソコンにはUSBコネクタが搭載されています。このおかげで、USBメモリは外部ストレージとして多くのパソコンで手軽に利用できます。パソコン間でファイルをやり取りするときに、「一時的にUSBメモリにファイルを保存して相手に渡す」という方法がよく使われます。

このファイル受け渡し方法はわかりやすく、手軽で便利ですが、大きなリスクがあります。USBメモリが盗まれたり、USBメモリを紛失したりする危険性が高いのです。さらには、USBメモリを経由してウイルスに感染する可能性もあります。ファイルの受け渡しは、OneDriveやDropboxなどのクラウドストレージを使うほうがよいかもしれません。

以前のUSBメモリはパソコンショップなどの専門店で販売されていましたが、近年はコンビニやスーパーマーケットなどでも扱われており、気軽に利用しやすくなっています。

▲USBメモリによるファイルの受け渡しは手軽だが、盗難や紛失などのリスクもある

USBメモリにアプリを入れて持ち歩くと便利

ハードディスクやSSDにインストールしたアプリケーションの実行ファイルは、USBメモリにコピーして使うことはできるのでしょうか？　一部のアプリケーションは、USBメモリに入れて持ち歩くことをおすすめしているものもあります。ポータブルアプリと呼ばれ、USBメモリなどにコピーしていろいろなパソコンで使えるので便利です。

一般には、アプリケーションをUSBメモリにコピーしても、ほかのパソコンで動作するとは限りません。Windowsにはアプリケーションの設定情報を登録したレジストリというデータベースがあります。アプリケーションをUSBメモリにコピーしてほかのパソコンで使おうとしても、レジストリの内容が一致しなくなるので、単にコピーしただけでは動作しないのです。そもそも、ライセンス上の問題で、アプリケーションをコピーしてほかのパソコンで動作させることが許可されていない場合もあります。

USBメモリを回復ドライブとして使う

Windowsの調子が悪くなったり、壊れたりしたときの、回復ドライブとしてUSBメモリを使うことができます。回復ドライブは、パソコンが起動できない状態に陥ったときに、復旧用のツールとして使ったり、Windowsを初期状態に戻したり、Windowsを再インストールしたりする場合に使います。回復ドライブは、購入したパソコンを最初に使う時に作成しておくとよいでしょう。

パソコンによっては、メーカー独自の回復ツールが用意されています。この場合、Windowsのシステムだけでなく、パソコンの購入時にインストールされているアプリケーションもまとめてUSBメモリにバックアップできるものもあります。

Chapter **3**

パソコンをさらに便利にする周辺機器

まとめ

- USB メモリはパソコン間のファイル共有や受け渡しに使える
- USB メモリは盗難、紛失、ウイルス感染のリスクもある
- アプリケーションによっては、USB メモリに入れて持ち歩いて使えるものもある
- USB メモリは Windows の回復ドライブとして使うこともできる

12

光学ドライブは
なくても大丈夫？

**以前は必要性が高かった光学ドライブですが、近年の状況の変化で、
光学ドライブがなくては困るという場面は減っています。**

新しいサービスの出現により必要性が大きく変化した

音楽や映画・ドラマを楽しむために必須だった光学ドライブの出番が激減しています。インターネットのサービスを使った方がよほど便利だからです。

音楽はSpotifyやAmazonミュージックなど、映画・ドラマならNetflixやAmazonプライムビデオなど、多数のネット配信サービスから選び放題です。これらはサブスクリプションと呼ばれるサービスで、無料または定額で利用できるのが特徴です。サブスクリプションはもとは「定期購読」という意味の英語で、利用する期間に応じて利用料を支払うシステムです。

データ保存用としての光学ドライブの存在意義も減りました。USBメモリの大容量化や外付けSSDなどの価格が下がったことにより、以前はバックアップやファイルの受け渡しに重宝されたDVDも出番が減りました。さらに、Microsoft OneDriveやDropboxなどのクラウドストレージの方が手軽なので、ますますDVDの必要性が減りました。

また、近年の市販ソフトウェアはインターネットからのダウンロードでインストールするタイプが増え、CDやDVDからインストールするタイプは減っています。

▲最近はCD／DVDの必要性が低くなり、光学ドライブを搭載しないパソコンが増えている

必要なら外付け光学ドライブを活用しよう

　最近のノートパソコンは薄型で軽量化しており、光学ドライブを搭載しない製品が一般的といっていいほどです。その場合でも左ページで解説したように、光学ドライブがなくては困るという状況は減っています。

　どうしても光学ドライブが必要であれば、USB接続の外付け光学ドライブを利用しましょう。パソコンのUSBコネクタにUSBケーブルでつなぐだけで、データ転送ができます。USBケーブルからの給電で動くタイプが多く、電源ケーブルが不要なので便利です。

　外付け光学ドライブをつなげば、内蔵ドライブと同様に使えます。DVDやBlu-rayディスクの映画も鑑賞できます。もちろん、写真や動画などを書き込んだり、バックアップ用途に使うこともできます。外付けの光学ドライブは他のパソコンにつなぎ変えられるので、1台あれば複数台のパソコンで使い回しができて便利です。

▲USB接続の外付け光学ドライブは必要なときに複数のパソコンで使い回せるので便利

まとめ

● インターネットを利用した配信サービスのほうが、光学メディアの利用よりも手軽で便利
● データの保存用としてもUSBメモリやクラウドストレージのほうが手軽で便利
● 光学ドライブがついてないパソコンでも困る場面は少ない
● 必要なら外付けの光学ドライブを使えばよい

Chapter **3** パソコンをさらに便利にする周辺機器

ディスプレイの縦横比とは？

ディスプレイ画面の縦横比について考えてみましょう。ディスプレイ画面の縦横比は「アスペクト比」と呼ばれることもあり、数字で書くときは横：縦の順で記します。

フル HD の解像度は横 1920 ×縦 1080 ピクセルなので、縦横比は 16：9 です。4K の解像度は横 3840 ×縦 2160 ピクセルなので、縦横比はフル HD と同じ 16：9 です。現在の多くのディスプレイは縦横比は 16：9 ですが、昔はテレビや映画の画面が 4：3 だったことから、初期のパソコンも 4：3 のディスプレイが主流でした。

近年、以前の縦横比である 4：3 や 3：2 のディスプレイがちらほら見受けられます。これらは主流の 16：9 と比べて何が違うのでしょうか？　結論をいうと、4：3 や 3：2 は 16：9 よりも表示が縦長なのです。Web サイトやワードの文書は縦に長いので、これらを閲覧する際はディスプレイの画面が縦長のほうが一覧性がよいというわけです。縦横比 16：9 でも画面を 90 度傾けられるディスプレイの場合、表示する内容によっては縦長表示で使うと便利です。

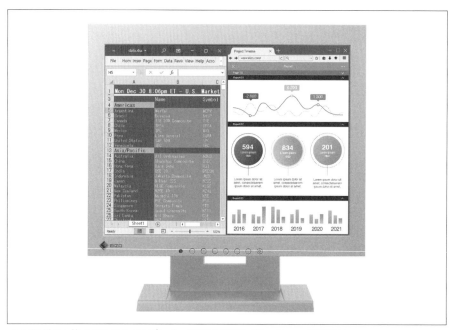

▲ アスペクト比 4：3 のディスプレイ。写真は EIZO「FlexScan S1504」

4

パソコンの OS と
アプリケーション

Index

OSとは？

01 OSはどんな ソフトウェア？

「事務仕事や創作活動など、あらゆる種類の知的活動を可能とする場を コンピュータ上に作り上げるソフトウェア」が OS（オーエス）です。

パソコン画面の中の世界はOSが作り出している

　毎日疑問も持たずにパソコンの画面を見ていますが、そもそも、この画面の中に見える世界はどこにあって、何が作り出しているのでしょう？

　いうまでもなく、パソコンの液晶画面の中に現実の物体があるわけではありません。パソコンの画面に描かれているものは、すべてOSが描いている架空の世界なのです。私たちは、OSが描いている架空の世界の中でまるで実物そのものを扱うかのように、エクセルで表を作ったり、ワードで文書を書いたりしますが、パソコンの中には実物の表があるわけでもなく、実物の原稿用紙があるわけではありません。エクセルの表もワードの原稿用紙も、実はOSがアプリと協力してパソコン画面に表示している架空のモノなのです。パソコンを使う限り、私たちの知的活動はOSがパソコン内に作り出す世界の中で行われているのです。

▲ 使用中のアプリの画面は、OSとアプリが協力して表示したもの

機械としてのパソコンが機能するのはOSのおかげ

　パソコン内で、CPUとその他の部品の間を超高速で移動する電子。電子の表す膨大な量の二進数、この膨大な量の二進数の連絡を取り持つのもOSです。CPUが処理した結果をもとに、パソコンの画面上に表示しているのはOSです。パソコンにつなぐあらゆる機器は、OSを仲介して他の機器と連携して動きます。機械であるパソコンに、まるで生命のような機能を与えているのはOSなのです。

OSがパソコンの価値を左右する

　OSが新しくなるたびに、画面の見かけやメニュー構成、その他の操作性の違いなどが大きな話題になるのは、OSの使い勝手や見え方がパソコンの操作性と直結するからです。OSのほんのちょっとした違いでパソコンが使いやすくもなり、逆に使いにくくもなります。パソコンは毎日使う道具だからこそ、OSには手になじむ操作性が要求されるのです。

　OSの重要な機能をもう1つ。パソコンには高いセキュリティも要求されます。セキュリティ面での基本的な安全性も、OSによって確保されているのです。

Windows 11 に搭載されているセキュリティ機能「Windows セキュリティ」の画面

まとめ

● パソコンの画面に表示される世界はすべて OS が作り出している
● パソコン内の部品やパソコンにつなぐ機器は、OS が連絡を取り持っている
● OS の使い勝手や見え方がパソコンの操作性と直結している
● パソコンの基本的なセキュリティ性は OS が確保している

Chapter 4
パソコンのOSとアプリケーション

OSとは？

02 パソコンの操作中にOSは何をやっている？

OS は本当に働き者です。見えないところでもいろいろな仕事をしています。OS の使い勝手が、パソコン全体の使い勝手を左右する理由を説明します。

OSはユーザーからの命令を常に待っている

　パソコンを起動してデスクトップ画面の表示が完了する……ここまででもすでに、OSは大活躍しています。パソコンが使える状態にするための準備作業はたくさんあるので、なかなかの大仕事なのです。

　起動したパソコンをそのままにしておくと、見た目の動きは静かになり、OSは何も仕事をしていないようにも見えます。しかし、ユーザーは気まぐれなので、いつなんどき、どんなことを指示してくるかOSには予想もつきません。

　OSは待っているのです。どんなときでも、ユーザーの命令が来るのを準備万端に整えて待っているのです。ユーザーが気まぐれに画面上のアイコンをドラッグすれば、画面上のアイコンをその位置に移動させます。あたりまえの現象に見えますが、OSが常に待機していてユーザーの動きを的確に捉えているからこそできることです。

OSは裏でいろいろな仕事をしている

　もう1つ、一見何もしていないように見えるときでも、OSは裏でいろいろな仕事をしています。バックグラウンドで、表からは見えない重要な処理をこなしているのです。たとえば、セキュリティ対策ソフトはリアルタイムでウイルス検知をしています。ウイルス検知はセキュリティ対策ソフトの独自機能ですが、セキュリティ対策ソフトだけの独断で勝手にやっているわけではありません。メモリやCPUの割り当てなど、セキュリティ対策ソフトが正常に動作できるようにはからってくれているのは、ほかでもないOSです。

　パソコンの稼働中、バックグラウンドで動作しているプログラムは、セキュリティ対策ソフト以外にもいろいろあります。これらすべてのプログラムが正常に動作するように、OSが調和を取っているのです。

　一般のアプリが動作している最中にも、OSは見えないところで大活躍しています。アプ

リのウィンドウのメニュー表示、ファイル保存ウィンドウの表示、OK ボタンの表示など、どのアプリでも共通して使うような基本機能については、OS が「部品」として提供する機能を利用することで実現しています。このおかげで、異なるアプリでも、基本的な操作に関しては同じような手順で操作することができるのです。「OSの使い勝手が、パソコン全体の使い勝手を左右する」という意味は、この点にあります。

OS は周辺機器とパソコンを仲立ちする

もう１つ重要なこととして、OSはパソコンを構成するあらゆるパーツ・機器をコントロールしています。キーボードやマウスから入力されるデータの受け取り、ハードディスク・SSDのデータの読み書き、ディスプレイへの文字や図形の表示、プリンターへの印刷データの転送など、あらゆる機器との連絡調整をOSが受け持ちます。

OSはアプリとハードウェアの橋渡しをして、パソコンごとの機械的な違いを吸収してくれます。このおかげで、異なるメーカー製のパソコンであっても、OSが同じであれば同じアプリを使用できるのです。

◀ エクセルの「開く」画面。この機能は OS（Windows）が提供しているため、ワードやパワーポイントでも同じ画面が表示される

まとめ

- ● OS はユーザーからの命令を常に持っている
- ● 目に見えないバックグラウンドでさまざまなプログラムが動作している
- ● アプリは OS に用意されている基本機能を使って動いている
- ● OS はアプリとハードウェアとの橋渡しをしてくれる
- ● OS はパソコンの機種の違いを吸収してくれる

Chapter 4 パソコンのOSとアプリケーション

03

「○○を許可しますか？」と表示されるのはなぜ？

パソコンの使用中に、処理を実行してよいか確認する画面が表示されることがあります。OS を守るためのセキュリティ機能が働いているのです。

ユーザーアカウント制御とは？

Windows 11/10を操作していると、「○○を許可しますか？」という確認の画面（ダイアログ）が表示されて、処理が中断されてしまうことがあります。これはユーザーアカウント制御（UAC）と呼ばれるセキュリティ機能によるもので、アプリのインストールやアップデート、Windowsの設定を変更する際などに表示されます。

ユーザーアカウント制御の「ユーザー」はいまパソコンを使っている人、「アカウント」はユーザーがパソコンを使う権限のレベルのことです。管理者権限なのか、あるいは単なるユーザー権限なのかで、セキュリティの警告レベルが異なります。ユーザーアカウント制御の役割は、パソコンに重要な変更が行われる前に最終警告を表示して、ユーザーに注意を促すことです。

ここで「パソコンを使うのが自分だけなら、アプリのインストールや設定変更のたびに警告を表示する必要はないのでは？」という疑問がわいてきます。しかし、そこには大きな危険が潜んでいるのです。

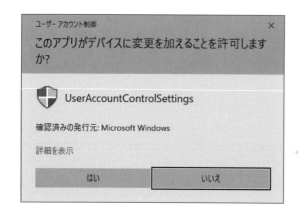

アプリのインストールやアップデート、Windows の設定を変更する際などに表示されるユーザーアカウント制御のダイアログ

ウイルスやうっかりミスによる被害を防止する

　ユーザーアカウント制御のダイアログで「いいえ」をクリックすると、アプリのインストールやアップデート、設定変更は実行されません。つまり、パソコンに致命的な変更が行われようとしても、ここで阻止できるのです。安全のためWindowsがしつこいほどにユーザーの意思を確認している、と思えばよいでしょう。

　ユーザーアカウント制御を無効にすると、ウイルスが添付されたメールを受信して、その正体に気付かずに実行してしまうかもしれません。自動で実行されるしくみのウイルスに感染すると、Windowsの設定を勝手に変更される危険性があります。また、人間の「うっかりミス」は強力なパワーを秘めているので、無意識でとんでもない誤操作をやってしまうリスクは誰にでもあります。このような地雷はどこにあるかわかりません。つまり、ユーザーアカウント制御とは、ユーザーが意図しないアプリのインストールやWindowsの設定変更を最終段階で防止してくれる、ありがたい機能なのです。この機能を「設定」で無効にすることもできますが、安全のため有効にしておくのが無難です。

▲ユーザーアカウント制御はさまざまな脅威からパソコンを守ってくれる機能

まとめ

● 「○○を許可しますか」という表示はユーザーアカウント制御のダイアログである
● ユーザーアカウント制御のダイアログは重要な変更が行われる際に表示される
● ユーザーアカウント制御はウイルス感染や意図しない設定変更を防止する

Chapter
4
パソコンのOSとアプリケーション

04

OSが正常に動作しなくなるのはなぜ？

画面がフリーズしたり、急にパソコンの電源が切れてしまったり。このような OS の不具合には、いろいろな原因が考えられます

CPUやメモリを酷使しすぎている？

　長時間の動画や高品質の画像の編集、リアルで高速な画面表示をするゲームなど、いかにもCPUを酷使しそうな用途の場合は、それに見合った高性能なパソコンが必要です。パソコンによっては、こうした「重い作業」によってOSがギブアップしてしまうことがあります。

　とくに注意したいのはメモリの容量で、パソコンのメモリが少ないとOSはより苦しくなります。複数のアプリが動作しているときや、ブラウザで多数のWebページのタブを開いているときなどは、CPUにとってもメモリにとっても負荷が大きくなるのです。

　少ないメモリをうまくやり繰りしようとして無理を重ねるために、パソコンの反応が目に見えて遅くなってしまいます。

増設メモリの相性問題、発熱、電源の劣化

　パソコンの各パーツはお互いにタイミングを合わせて動作しています。ここで微妙に間合いがずれているパーツがあると、不具合を起こすことがあります。とくに、メモリを増設する際は、同じメーカーの同じメモリに揃えたほうが無難です。また、メモリを増設する際は接触不良が起こらないよう、確実にメモリスロットに差し込む必要があります。

　CPUは正常な動作中にも熱を発しますが、過熱状態になると熱暴走することがあります。ホコリやごみなどで風通しが悪くなると、冷却ファンの効果が落ちて、CPUが過熱状態になり、OSが正常に動作しなくなることがあります。冷却ファン自体が故障している場合も同様なので、注意が必要です。

　電力供給が不安定な場合もトラブルの原因となります。デスクトップパソコンなら電源ユニット、ノートパソコンならバッテリーや電源アダプタの劣化に要注意です。電力を安定して供給できなくなると、急にパソコンの電源が切れるなどの異常が発生します。

バグや操作ミスを疑う

　CPUにやってほしい仕事の手順を書き連ねたものがプログラムで、プログラムを作成する工程で混入したミスをバグ（bug＝虫）といいます。バグはOSやアプリが正常に動作しない原因となります。OSのアップデート、アプリのバージョンアップで不具合が治ることもありますが、逆に新たな不具合が発生することもあります。

　ユーザーの操作ミスがトラブルの原因になることも少なくありません。操作ミスばかりでなく、パソコンの不具合を直そうとネットで得た情報をもとにレジストリエディターでOSの深部をいじってしまい、かえって状況を悪くするなどという事例も見かけます。

　また、ウイルスに感染することも、OSやパソコンの動作を不安定にする原因になります。セキュリティ対策ソフトをインストールし、ウイルスのパターン定義ファイルを最新版にしておくことが大切です。

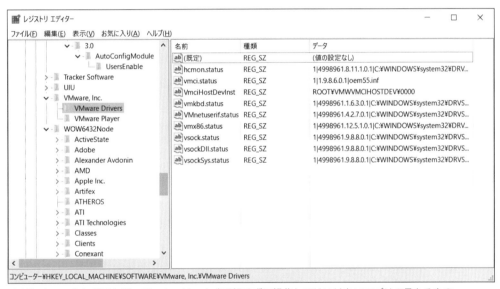

▲ Windows のレジストリエディターは、よく理解せずに操作してはいけないアプリの最たるもの

まとめ

● CPU の性能不足、メモリ容量の不足により OS の動作が重くなることがある
● 冷却ファンや CPU クーラーの異常で、CPU が熱暴走する可能性がある
● パーツの接触不良、電源の劣化、パーツ間の相性などで不安定になることもある
● OS やアプリのバグ、ユーザーの操作ミスなどが原因になることもある

パソコンを使い続けると
なぜ遅くなるの？

パソコンを長い間使っていると、不要な設定情報など、
OS にとってゴミとなるものが溜まっていくために処理が遅くなります。

パソコンは使えば使うほど遅くなる

　パソコンを使うユーザーは何らかのアプリをインストールします。アプリをインストールすると、Windowsが管理しているレジストリという特別なデータベースにアプリの設定情報が登録されます。アプリを使うたびにWindowsはレジストリを参照し、記録されている情報を書き直したり、新たな情報を追加したりします。レジストリはWindowsアップデートでも使われるのでどんどん肥大化し、パソコンを遅くする原因になります。

　こうして肥大化したレジストリは、アプリをアンインストールしても完全にクリーンな状態には戻りません。レジストリに残った情報はユーザーにとって不要なゴミでしかないうえに、Windowsの足を引っ張ります。アプリを起動するたびになんだか遅いなと思ったら、レジストリの肥大化が原因かもしれません。

▲ アプリをインストールするとレジストリが大きくなり、OS の処理時間が増える

パソコンを使うということは、パソコンを遅くすることでもある

　パソコンを長く使うほどに肥大化するのはレジストリだけではありません。ユーザーが作成するファイルもどんどん増えていきます。単純にファイルが増えれば、Windowsも処理に時間がかかります。1つのフォルダーに何千何万もファイルがあると、一覧表示するだけでも相当に待たされます。また、ファイル数が増えるということはストレージの空き容量が減ることでもあり、空いているスペースを探そうとして、ストレージの反応が遅くなる一因になります。

　続いて、冷却性能の経年変化です。パソコンが古くなれば、内部にホコリが溜まり内部の換気が悪くなりがちです。冷却ファンの回転も最初の滑らかさが失われてくるでしょう。冷却性能が落ちてくれば、購入時よりも内部が高熱になりやすくなり、パソコンを遅くする原因になる可能性があります。

　周囲の変化の影響も無視できません。パソコンを長く使うということは、自分の周りに新しいパソコンが増えるということでもあります。そして、アプリはその時点でバリバリ現役のパソコンで開発されるでしょう。新しいアプリや新バージョンのアプリは、古いパソコンでは快適に動かない可能性もあります。こうして、自分のパソコンが周囲に取り残されることで、相対的に自分のパソコンが遅くなったと感じることになります。

▲パソコンを長期間使っていると、さまざまな要因で遅くなる

不要なスタートアッププログラムや常駐プログラムの影響

　パソコンを起動すると、OSのプログラムを読み込む過程でいろいろな処理が実行されます。その1つスタートアッププログラムは、OSの起動時に暗黙のうちに実行されます。セキュリティ対策ソフトはその代表例です。

　スタートアッププログラムの数が多いと、それだけOSの起動時間が長くなります。スタートアッププログラムはOSの起動後もOSの裏で仕事をしているので、その数が多いとメモリの空き容量を圧迫し、CPUのパワーを奪います。

　スタートアッププログラムは、パソコンの出荷時にメーカーが組み込んだもの、ユーザーがアプリをインストールする時にインストーラによって暗黙のうちに組み込まれたものなどがあります。個々のスタートアッププログラムの必要性はユーザーによって異なり、中にはユーザーに不要なものもあるでしょう。

　もう1つ、スタートアッププログラムと似たものにサービスと常駐プログラムがあります。どちらもスタートアッププログラムと同様に、OSの起動時やユーザーのログイン時に自動的に起動するように、暗黙のうちにOSに設定されています。「常駐プログラム」の例としては、タスクトレイのアイコンがあります。メモリ内に常駐してOSの裏で動作を続けるので、

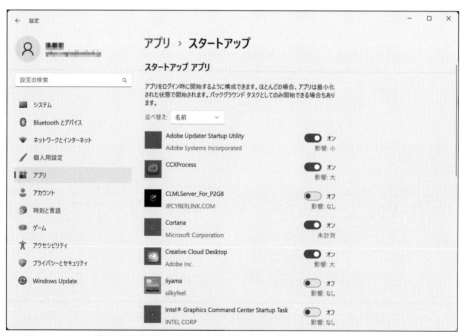

▲Windows 11の「設定」を開き、左側の「アプリ」→右側の「スタートアップ」を選択すると、スタートアッププログラムのオン／オフを設定できる

数が増えるとOSの動作を遅くする一因になります。「常駐プログラム」や「サービス」もすべてが必要とは限らず、ユーザーによっては不要なものもあるでしょう。

　ここで解説したスタートアッププログラムなどは、Windowsの「設定」→「アプリ」→「スタートアップ」からオフにできます。必要ならオンに戻すことも可能です。ただし、中にはオフにすべきではないものもあるので、どれをオフにするかについては慎重な検討が必要です。一例として、セキュリティ機能はオフにすべきではありません。

パソコンが遅くなったときの3つの対策

　世の中には、遅くなったOSを高速化することを謳うツールも市販されています。このようなツールはある程度の効果はあるものの、評価は人によって異なるでしょう。確実にいえるのは、このようなツールを使っても、パソコンを購入した直後の快適さは取り戻せないということです。はっきりいえば、パソコンは使えば使うほど遅くなる宿命を持っているのです。使えば使うほど切れ味が増す包丁とは性格が異なるのです。

　パソコンが遅くなったときの対策は、①OSを初期化する、②パソコンを買い替える、③我慢して使い続けるの三択になります。このうち、OSの初期化またはパソコンの買い替えによって、快適さを取り戻せるはずです。しかしながら、この2つの選択肢のどちらかを選んだ場合、それまでの使い慣れた環境を再構築するには相応の手間を要します（パソコンの買い換えには経済的な負担もあります）。経験や知識も必要でしょう。見方を変えれば、「OSを初期化する」「パソコンを買い替える」というのは、現代のパソコンを使う上で貴重な経験を得るための絶好の機会かもしれません。

ま と め

● パソコンを使うほどレジストリが肥大化し、その処理に時間がかかるので遅くなる
● パソコンの冷却性能が落ちることで、遅くなったように感じることもある
● 周囲に新しいパソコンが増えるなどの環境の変化で、自分のパソコンが遅くなったと感じることもある
● スタートアッププログラムなどもパソコンを遅くする一因だが、すべてが不要というわけではない
● 高速化ツールを使っても、パソコンを購入した直後の快適さは取り戻せない
● 現実的な選択肢は① OS を初期化する、②パソコンを買い替える、③我慢して使い続けるの 3 つである

Chapter **4**

パソコンのOSとアプリケーション

シャットダウンと再起動は何が違う？

実は、シャットダウンには2種類あります。それぞれの意味、使い分け方法、「再起動」との関連、この3つについて解説します。

シャットダウンは2種類ある

パソコンを終了して電源を切ることを「シャットダウン」といいます。シャットダウンは2種類あります。見かけ上は同じですが、パソコンの内部では異なる作業が行われます。

●Aタイプ：完全シャットダウン

電源が切れる際にメモリ内容も消えます。次回、電源をオンにすると、パソコン内部のチェックや外付け機器の使用準備など、一連の起動ステップが順次実行されます。やることが多いので、Bタイプの通常のシャットダウンに比べて起動時間が少し長くなりますが、クリアな状態で起動します。

●Bタイプ：通常のシャットダウン（デフォルトのシャットダウン）

電源が切れる前に、パソコン内部では、メモリの一部やドライバなどの設定情報がハードディスク・SSDに保存されます。次回、電源をオンにすると、Aタイプの完全シャットダ

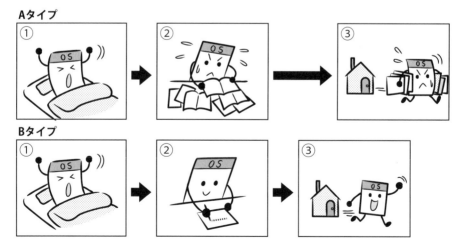

▲ 完全シャットダウン（Aタイプ）を実行すると、次回の起動時に必要なステップを順に実行するため時間がかかる

ウンでは行なわれていた一連の起動ステップを実行する代わりに、直近のシャットダウン時に保存されていた設定情報を読み込んで起動します。起動ステップを省略しているので起動時間は短くなりますが、前回のパソコン使用中の設定情報を引き継いでいるので、クリアな状態での起動ではありません。

再起動で不調が解決することがある理由

さて、Windowsの再起動ではスタートメニューから「電源」→「再起動」を選択しますが、このときＡタイプの完全シャットダウン＋自動電源オンが実行されます。起動時間は多少長くなるものの（数秒〜数十秒）、完全にクリアな状態からパソコンを起動できます。つまり、アプリがよくフリーズする、Windowsの挙動がおかしいなど、何だかパソコンが不調だなと感じるときは、再起動することでメモリ内に溜まっていた不調の原因が解決する可能性があります。

一方、スタートメニューから「電源」→「シャットダウン」でパソコンをシャットダウンすると、再起動と違い、完全クリアな状態での起動ではないため、パソコンの不調が解決しない場合があります。

なお、Windowsの初期設定では、シャットダウンはＢタイプ（通常シャットダウン）に設定されています。これを「設定」メニューからＡタイプ（完全シャットダウン）に変更することもできますが、そうすると数秒〜数十秒とはいえ起動に要する時間が毎回長くなります。

ややこしいなと思った読者の方に、知っておくと便利なワザを紹介します。次回の電源オン時にパソコンをクリアな状態で起動させたい場合は、 Shift キーを押したままスタートメニューから「電源」→「シャットダウン」を選ぶと、Ａタイプの完全シャットダウンが実行されます。ときどきこの手順でシャットダウンすると、「再起動」した場合と同様に、パソコンの不調が解決することがあります。

まとめ

- 「完全シャットダウン」と「通常のシャットダウン」の２種類がある
- Windowsの再起動＝完全シャットダウン＋電源自動オンである
- クリアな状態でパソコンが起動するのは再起動か完全シャットダウンである
- パソコンが不調なときは再起動か完全シャットダウンを試してみるとよい
- Shift キーを押したまま通常シャットダウンすると完全シャットダウンになる
- Windowsのデフォルトは通常のシャットダウンである

Windowsの初期化はどうやるの？

不調から回復するための初期化。ここでは、実行しやすい2つの方法を紹介します。万が一に備えて、回復ドライブはぜひとも作成しておきましょう。

🖱 一番手軽な方法は「回復」メニューの利用

　Windowsがどうにも不調なとき、ハードウェアが原因ではない場合は、Windowsの初期化によってパソコン購入時の快適さが復活する可能性があります。ただし、Windowsの初期化を実行すると、ユーザーがインストールしたアプリや作成したファイルは消えてしまいます（一部のファイルは残る場合もあります）。初期化はそうそう気軽に実行するべきではない、最終手段なのです。

　初期化の方法として、一番手軽なのは「回復」メニューです。Windows 11では「設定」の「システム」をクリックし、右側のメニューを上方向にスクロールさせて「回復」をクリックし、「このPCをリセット」の「PCをリセットする」をクリックします。表示されたオプションのうち、「個人用ファイルを保持する」を選ぶとドキュメントフォルダーやデスクトップに保存したファイル、ダウンロードしたファイルなどは残ります。「すべて削除する」は、パソコンを他人に譲ったり、破棄したりする場合に選択するとよいでしょう。

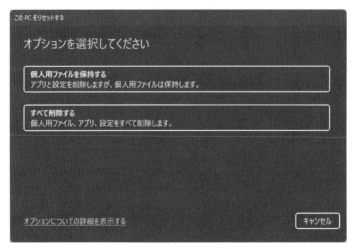

▲「回復」メニューから Windows 11 を初期化する際、通常は「個人用ファイルを保持する」を選択する

回復ドライブを事前に作成しておく

　次にお手軽な方法としては、回復ドライブがあります。回復ドライブはWindowsを初期化するのに必要なファイルが記録されたUSBメモリのことで、あらかじめ自分のパソコンで作成しておく必要があります。パソコンのハードディスク・SSDが不調でも、回復ドライブから起動できるのが利点です。実際に回復ドライブを作成すると、容量16ギガバイトでは不足する場合があるので、32ギガバイトのUSBメモリがおすすめです。回復ドライブのUSBメモリは回復ドライブ専用にして、安全な場所に保管しておきましょう。

　回復ドライブを作成するには、Windowsのシステムツールである「回復ドライブ」アプリを使います。回復ドライブはWindowsが正常に動作しているときに作成するのがおすすめです。パソコンを購入したらすぐに作成しておくとよいでしょう。その後も1年おきなど定期的に回復ドライブを作成すると、その時点までのWindows Updateの更新内容も含めることができます。

　「設定」の検索ボックスに「回復ドライブ」と入力し、表示された「回復ドライブの作成」をクリックします。「回復ドライブ」アプリが起動したら、「システムファイルを回復ドライブにバックアップします。」にチェックを入れて、「次へ」をクリックして画面の指示に従います。作成には数時間かかる場合もあります。

　回復ドライブでWindowsを初期化すると、ユーザーがインストールしたアプリや作成したデータはすべて消えてしまいます。しかし、初期化によってパソコン購入時の快適さを取り戻せるのは大きなメリットです。パソコンの初期化が必要になる事態は、誰にでも起こり得ます。そんな緊急時のために、日ごろから作成したデータのバックアップを心掛けましょう。OneDriveなどのオンラインストレージを使うとそれ自体がバックアップにもなるので、利用を検討してみましょう。

まとめ

- ●Windowsが不調になったときの最終手段として初期化が有効である
- ●「回復」メニューを使うとアプリは消えるが、ユーザーが作成したファイルは残せる。回復ドライブを使うとアプリとデータの両方が消える。
- ●回復ドライブはUSBメモリを使うので、ハードディスク・SSDが不調な場合でもWindowsを初期化できる
- ●回復ドライブはユーザーが事前に各パソコンごとに作成する

Chapter 4　パソコンのOSとアプリケーション

コントロールパネルと「設定」はどう違うの？

Windowsのよく使う設定項目は「設定」アプリから設定できます。
それ以外も含めたすべての設定項目は「コントロールパネル」で設定できます。

多岐にわたる設定項目からよく使うものを集めた「設定」アプリ

Windowsの各種の設定は、以前はコントロールパネルで行っていました。コントロールパネル（Control Panel）は日本語で「制御盤」です。制御盤と聞いて思い描くのは、SF映画の宇宙船の操縦室にある、たくさんのスイッチやレバーが並んだ機械のようなイメージでしょうか。

コントロールパネルにはWindowsの設定項目がすべて含まれており、それらが多岐にわたって入り組んでいるため、慣れないと迷子になりやすいのが難点でした。その後、よく使われる設定項目を集めた「設定」が使えるようになりました。「設定」とコントロールパネルのどちらで設定しても、結果は同じです。つまり、「設定」にある項目は、コントロールパネルにある項目の部分集合ということになります（一部、「設定」でしか設定できない項目もあります）。

コントロールパネルの開き方

「設定」はスタートボタンから開くことができますが、コントロールパネルは見つけにくい場所にあります。あまり頻繁には使いませんが、コントロールパネルを開く方法は知っておいたほうがよいでしょう。方法はいくつかありますが、かんたんな方法を紹介します。

タスクバーの［検索］ボタン（虫眼鏡アイコン）をクリックすると、「検索」画面が開きます。画面の上部または下部にキーワードを入力する欄があるので、「コントロール」または「control」と入力します。入力中にコントロールパネルの絵が表示されるので、これをクリックするとコントロールパネルが開きます。

なお、この検索ワザはいろいろと使い道があって便利です。たとえば、「回復ドライブ」と入力すると、Windowsの「回復ドライブ」アプリを探してくれます。回復ドライブを作成しておくと、Windowsが不調で手に負えない場合のレスキュー要員として使えます。

あちこちにあるWindowsの設定

　「設定」やコントロールパネルのほか、Windowsでは何かの操作中にマウスを右クリックすると表示されるメニューがかなり有用です。たとえば、デスクトップ上を右クリックすると「ディスプレイ設定」「個人用設定」というメニューが表示されて、ここから画面に関する設定ができます。

　Windows 11のクイック設定は、ネットワークのオン／オフや音のボリューム調整など、必要な時にすぐに設定を変更できるメニューです。タスクバーの右端にある、バッテリーやネットワークなどのアイコンをクリックすると表示されます。Windows 10ではクイックアクションという同様のメニューがあり、タスクバーの右端にある吹き出しのアイコンをクリックすると表示されます。どちらのメニューも、￼と￼を同時に押すことでも表示できます。

Windows 11のコントロールパネル。「表示方法」を「大きいアイコン」または「小さいアイコン」に変更すると、すべての設定項目がアイコンで一覧表示されるのでわかりやすくなる

まとめ

●「設定」はコントロールパネルの設定項目のうち、よく使う項目を集めたもの
●「設定」とコントロールパネルのどちらで設定しても、効果は同じである
●Windowsの操作中に右クリックすると、その場に適した設定項目が表示される場合がある
●必要なときにさっと設定できる、クイック設定（クイックアクション）という機能もある

Chapter 4 パソコンのOSとアプリケーション

Windows 11は どんなOS ？

**Windows 11 は成熟した Windows 10 の後継の OS として、
2021 年 10 月に公開されました。**

今後の主流はWindows 11だが、Windows 10も現役として使える

　Windows 10からWindows 11になって、OSの中心的な部分で革新的な変化があった
わけではありません。しかし、今後の主流がWindows 11に移行するのは確実です。これ
から新しく買うパソコンのＯＳはWindows 11が第一の選択肢となります。

　一方、Windows 10は2025年10月のサポート終了までアップデートが提供されます。
このため、いま使っているパソコンが買い換えの時期を迎えるまでWindows 10でやり繰
りして、新しいパソコンを買う際にWindows 11に乗り換えることも可能です。

　Windows 10はOSとして成熟し、ユーザーも慣れ親しんだOSです。一方、Windows
11はWindows 10の後継として、今後の主流となるべくスタート地点についたばかりの
OSです（2022年現在）。ユーザーの立場ではいつ乗り換えるべきか迷いますが、今後の
Windows 11のアップデートによる成長を見ながら、その時期を検討するのもよいでしょう。

▲ Windows 11 のデスクトップ画面。Windows 10 ではタスクバーのアイコンは左
寄せだが、Windows 11 は初期設定で中央寄せになった。また、Windows 10 は
タスクバーの位置を上下左右に変更できたが、Windows 11 では変更できない

より多様なユーザーを受け入れるためのユーザーインターフェース

　Windows 11を利用して気付くのは、多様なユーザーを受け入れるための多くの工夫がなされているということです。とくに、現代は誰もがスマホを持つ時代です。パソコンより先にスマホの操作をマスターしたという人も多いでしょう。現代のOSは何年もパソコンを使い続けてきたユーザーだけでなく、スマホなどパソコン以外のさまざまな機器を使ってきたユーザーもやさしく受け入れる必要があり、それを実現するためにOSが進化しているとも考えられます。

　ただし、ある人の視点では改善であっても、別の人の視点では改悪ということがあるかもしれません。Windows 11の今後のアップデートにおいても、より多くのユーザーにとってどのように便利になっていくのか注目されます。

インテル第8世代以降のCPUでないとWindows 11にアップグレードできない

　Windows 10の「設定」からWindows Updateの画面を見ると、Windows 11にアップグレード可能かどうかを確認できます。アップグレードの要件を満たしたパソコンであれば、Windows 11にアップグレードが可能です。

　アップグレードの要件のうちとくに重要なのは、インテル第8世代より前のCPUが対象外であることです。年代でいうと、2017年ごろのCPUです。それ以前のCPUを搭載するパソコンのユーザーにとっては痛い話ですが、古いCPUをサポート対象から外すことでセキュリティ対策への負担が軽くなれば、より強固なセキュリティを確立しやすくなります。長い目で見れば、ユーザーにとっての利益となるはずです。現代のOSにとってセキュリティ対策は最重要の課題である、ということの表れと考えられます。

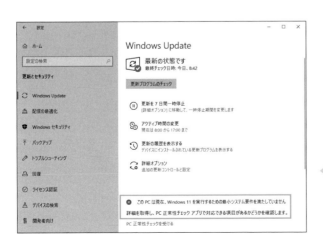

Windows 10の「設定」で「Windows Update」の画面を表示すると、パソコンが Windows 11へアップグレードする要件を満たしていない場合はメッセージが表示される

Windows 10からWindows 11へのアップグレードで進化した機能のうち、代表的なものを紹介します。ここで紹介したアプリはWindows 11のスタートメニューの「すべてのアプリ」から探すか、見つからない場合は「Microsoft Store」からインストールします。

●画面キャプチャー機能

　 ⊞ ＋ Shift ＋ S を押すと起動する画面キャプチャーツール「Snipping Tool」は画面をとりあえずキャプチャーして、あとで必要なものだけ保存できるようになりました（事前の設定が必要）。キャプチャーを実行するまでの待ち時間の選択肢も増えました。

●時計

　「クロック」（Windows 10では「アラーム＆クロック」）は「フォーカスセッション」で作業時間と休憩時間を設定することで、時間の利用法を最適化するツールとして使えるようになりました。音楽ストリーミングサービスのSpotifyと連携する機能もあり、「音楽に合わせて運動したら、しばらく休憩する」といった使い方もできます。

●画像の確認

　「フォト」は使いやすさが大きく改善され、たとえば同一フォルダー内の画像をサムネイル（小さな画像）で一覧表示して、そこから選んで拡大表示できるようになりました。

●動画の作成＆編集

　新しく付属する　「Clipchamp-動画エディタ」によって、かんたんな操作で動画を作成できます。動画を編集できる「ビデオエディター」もメニューが見直されています。

●音楽・動画再生

　デザインを一新し、機能アップした「メディアプレイヤー」が付属しています。

◀Windows 11の「フォト」はフォルダー内の画像をサムネイルで一覧表示するようになり、画像を確認しやすくなった

●音声入力・音声認識サービス

音声入力は ⊞ と Ｈ を同時に押すだけで一発で起動するようになりました。音声入力の精度も向上しています。

●バッテリー

「設定」の「バッテリーの使用状況」で、最近のバッテリーの使用状況を確認できます。

●ウィンドウの整列

複数のウインドウを整列して表示する「スナップレイアウト」機能は、Windows 10 より並べ方の選択肢が増えています。

Androidスマホのアプリも動かせる

2022年秋のアップデートによって、日本でもWindows 11上でAndroid用のアプリを利用できるようになりました。アプリはGoogle Playストアではなく、Amazonアプリストアからダウンロードします。パソコンの大きな画面でAndroidのアプリが楽しめます。

2022 年秋のアップデートにより、日本でも Windows 11 上で Android アプリを使えるようになった。画面は「日経電子版」アプリを使用しているところ

まとめ

- Windows 11 は Windows 10 の後継となる新バージョンである
- Windows 11 が発表された時点では Windows 10 と大きな違いはないが、今後のアップデートで進化が予想される
- Windows 11 はより多様なユーザーの受け入れを目指していると考えられる
- Windows 11 はセキュリティを重要視していると考えられる
- Windows 11 へのアップグレードにはインテル第 8 世代以降の CPU が必要
- Windows 11 は細かい機能や付属アプリがさらに使いやすくなっている

いわゆる「重い」作業ってどういうこと？

パソコンの世界で重い作業の代表格である動画の編集を題材にして、
「パソコンの動きが重い」について考えてみます。

やることが多いとそのぶん重くなる

　動きが鈍い、反応が遅い、時間がかかる、これがパソコンの世界での「重い」です。いわゆる「重い」作業の例としてよく取り上げられるのが動画の編集です。動画の編集では、素材となるデータの種類が文字テキスト、画像、動画、音声など多岐にわたり、素材データの数も多いうえ、それ自体がファイルサイズの大きい重めのデータなので、パソコンのCPUやメモリにとっては酷な作業になりやすいのです。編集作業が重くなることもしばしばですが、それだけでは終わりません。最終的に素材データを1本の動画ファイルとしてまとめる段階でも、動画の圧縮というパソコンにとって厳しい作業が残っています（P.164「動画をファイルにする仕組みを知りたい！」参照）。

　具体的に、1秒間に30フレームで10分間の動画を手描きで作ることを考えてみましょう。この場合、絵を1万8千枚も描かなければなりません。単純な計算で、10分間の動画は絵を1枚描く場合の1万8千倍の時間がかかることになります。つまり、1万8千倍重いわけです。昭和の時代、アニメが初めて作られたころの実話によると、すべて手描きの人海戦術で、毎日徹夜続きだったということですから、いかに大変な作業なのかがわかります。

動画の編集は重いのに、録画や再生はそれほど重くないのはなぜ？

　動画の再生という作業は、瞬間的にはその場面の画像を1枚表示しているだけです。「画像の表示」に限れば比較的軽い処理であり、これを動画の再生時間の全体に分散させているため、見かけ上は重く感じないという理屈です。処理が重いというのは、感じ方の問題でもあるのです。

　ただし、動画の再生はまったく重くないのかというと、それは程度の問題です。CPUやメモリの量などが非力なパソコンでは、動画の再生が重くなることは避けられません。

仕事や作業の種類で「重い」「軽い」は判断できない

　複雑な計算をすると重くなりそうだ、という予想はつきます。それでは、「ネットを見たり、エクセルを使うくらいなら重い作業ではない」という考えは正しいでしょうか？

　結論をいうと、多くの場合は正しいですが、そうでない場合もあります。Webサイトの閲覧中にタブを開きすぎるとメモリが不足して、ブラウザの画面表示に時間がかかり、パソコン全体の動きが鈍くなることもあります。エクセルにしても、100万行もあるような表を作れば重さを感じるようになるでしょう。

　たとえ1つ1つの仕事が軽くても、同時に処理することが多くなるとCPUはフル回転するので、重さの原因になります。処理が多くなると使うメモリも膨大になり、メモリが不足すると不足分を補ってやりくりしようとするために、メモリより速度が遅いハードディスク・SSDをメモリ代わりに使わなければならなくなり、重さの原因になります。よくいわれるように、快適にパソコンを使うためにはメモリの容量、CPUの性能が重要なのです。

▲ 大量のはがきの宛名書きのように、軽い仕事でも同時に処理することが多いと重くなる

まとめ

- 単純に、処理することが多ければ多いほどパソコンは重くなる
- Webサイトの閲覧やエクセルの利用など、一般に軽いとされる作業でも重くなることがある
- 重さを感じないためにも、メモリの容量、CPUの性能が重要である

Chapter 4　パソコンのOSとアプリケーション

Chrome OS って どんなOS?

Chrome OS はスマホ OS の Android と同じく、Linux という無料で使える OS をもとに Google が開発し、パソコン用に無料で提供されている OS です。

Chromeブラウザで作業するOS

Chrome OS（クロームオーエス）はパソコンでよく使われているChromeブラウザ上でアプリを動かすOSです。見た感じではWindowsやMac（macOS）と似ていますが、実際に使ってみるといろいろな点で違っています。スマホのAndroidとも違います。

パソコンでWebサイトを見るとき、Chromeブラウザを使ったことがある人は多いでしょう。Chrome OSには、Chromeブラウザの中でほとんどの作業を行うという特徴があります。アプリもブラウザ内で使います。この点がWindowsやMacとの大きな違いです。

Chrome OSを採用したパソコンはノート型ならChromebook、デスクトップならChromeboxと呼ばれます。このうち、製品の数が多いのはノート型のChromebookの方で、現状ではChrome OSといえばChromebookのことであると考えてよいでしょう。

Chrome OSのメリット

Chrome OSのメリットとして、OSが無料で、快適に動作するハードウェア性能への要求も低いため、Chrome OSを採用したパソコンが安価であることがあげられます。

◀ 近年はコンシューマ向けのほか、企業向けの Chromebook も登場している。写真は日本HP「HP Elite Dragonfly Chromebook Enterprise」

Chrome OSの起動はスマホのように高速です。ファイルはChrome OSに付属するクラウド上に保存できるので、ストレージの容量も少なくて済みます。

Chrome OSはインターネット経由で自動アップデートされるので、ユーザーが注意していなくても常に最新版を利用でき、セキュリティ面で安心です。Chromeブラウザで使える拡張機能やWebサービスのほか、Androidスマートフォンのアプリが使えます。完全互換ではないものの、Officeに似たアプリも使えます。もちろん、有名どころのSNSも使えます。

Windowsの場合、パソコンを買い替えるとOSの設定、アプリの再インストールやデータのコピーなどに手間がかかります。一方、Chrome OSではパソコンを買い替えてもログインするだけで、自分が使っていた設定やデータの環境が再現されます。ということは、パソコンを使う上での面倒な手間が大幅に省かれることになります。

Chrome OSのデメリット

WindowsやMacでChromeブラウザを使っていれば、Chrome OSも似ているので何となく使えますが、わずかな差異が意外とストレスになります。スマホに似ているので手軽に使える点はメリットですが、かゆいところに手が届かない感じがする場面も多々あります。また、WindowsやMacと同じことができるといっても、重い作業は苦手です。ハードウェア要件の低さが裏目に出ているのです。ビデオ会議に使う場合は、快適に動作するか事前に試したほうがよいでしょう。また、Office完全互換のアプリが使えない（2023年1月現在）というのも難点です。

まとめ

- Chrome OS は Google が提供する無料の OS で、Chromebook や Chromebox で使われている
- Chrome OS はほとんどの作業を Chrome ブラウザ上で行い、ファイルはクラウドに保存されるのが基本
- Chrome OS では Android スマートフォンのアプリが使える
- Chrome OS は自動アップデートされるのでセキュリティ面で安心
- Chrome OS はユーザーの環境がクラウドに保存されるので、パソコンを買い替えても環境の再構築が楽である
- Chrome OS は重い作業が苦手

Chapter 4

パソコンのOSとアプリケーション

アプリとOSは どんな関係？

アプリは OS に用意されている部品的な機能を使って動いています。
OS にない機能は、アプリ自身のプログラムで実現しています。

OSのおかげで、アプリは本来の仕事に集中できる

　アプリを起動すると、OSはアプリのプログラムに書かれている作業手順に従って、作業の段取りを始めます。仮に、アプリのプログラムに書かれている内容が、「どこそこの場所に、これだけの大きさでウィンドウを表示し、メニューを表示せよ」というものだとしましょう。実は、アプリ側では自分で窓（ウィンドウ）を作ることはしないのです。たとえていうと、アプリはOSというホームセンターに行って「窓をください」と注文し、できあいの窓を買ってきて取り付ける作業をしているのです。

　メニューを表示するのも同様です。アプリ側では、「これこれ、こういうメニューを描いてください」とOS側に発注します。OS側にはできあいのメニューが用意されているので、メニューの項目をアプリ専用のものにあつらえて渡します。

　どのアプリも使うような一般的な機能については、OSが用意しているしかけをアプリ側で利用しているのです。このしくみのおかげで、アプリのプログラマーは、「本来、このアプリがやるべき仕事の処理」をプログラムすることに集中すればよいことになります。

　OS上でアプリが動作するにあたって、重要なことはまだあります。1つはアプリとアプリ相互の関係の調整です。複数のアプリが動作しているとき、OSがそれらのアプリのメモリ割り当てや実行の優先順位など、動作のための連携調整をしています。もう1つは、アプリとハードウェア間の連絡はOSが仲介して一括管理しているということです。

OSの操作性がアプリの操作性を左右する

　さまざまな種類のアプリがありますが、基本的な使い方はどのアプリも同じです。たとえば、ワードとエクセルは別個のアプリですが、メニューの選択方法、ウィンドウの操作、印刷の方法など、基本的な部分については共通の操作性です。

　これは、ワードとエクセルは同じマイクロソフト社が開発したから、というわけではあり

ません。他社製のアプリでも、ファイルの保存や設定を変更する際など、どのアプリでも共通する操作で行うことができます。このような基本的な操作は OS が用意したできあいの機能を利用して実現しているため、どのアプリでも共通になり、個別に覚える必要がないのです。その結果、アプリを使う人は「本来、やるべき仕事のために必要な操作」に集中できるのです。

▲「ウィンドウを開く」「ファイルを開くダイアログボックスを表示する」といった、どのアプリでも共通する機能は OS が担当する

まとめ

- OS はアプリとパソコン（ハードウェア）の間にあり、命令や返事の仲立ちをしている
- アプリのプログラマーは、どのアプリにも共通するような機能については、OS に用意されている機能を利用している
- アプリの操作性（ユーザーインターフェース）が共通しているのは、OS に用意されている機能を使っているおかげである

ソフトウェアの
ライセンスとは？

ライセンスとは、「そのソフトウェアを使えますよ」という権利のことです。
ライセンスを得るにあたって、利用規約をよく確認する必要があります。

ライセンスとはソフトウェアの利用許可のこと

ライセンスには「免許、認可、許可、鑑札」などの意味があります。ソフトウェアのライセンスとは、ソフトウェアの利用許諾契約のことです。ライセンスを持っていることは、ソフトウェアの正規ユーザーであることの証明ともいえます。

利用許諾契約の内容はソフトウェアごとに異なります。通常は、ソフトウェアをインストールするとき、あるいは利用を始める前に「利用許諾契約」「利用規約」などのタイトルの文書で表示されるので、本来ならばよく確認する必要があります。「はい」「同意する」などのボタンをクリックすると利用許諾契約に同意したと見なされて、ライセンス（利用許可）がもらえます。同意できない場合は、ソフトウェアのインストールや使用を中止します。

マイクロソフトのMicrosoft 365のように、サブスクリプションというライセンス形態を採用するソフトウェアも増えています。これはソフトウェアの使用料を月額、または年額で支払うことで、ソフトウェアを利用できるシステムです。

◀ マイクロソフトの Microsoft 365 は年額または月額で料金を支払うサブスクリプション制のサービス（画面は 2023年 1 月現在の公式サイト）

利用許諾契約で確認するポイント

　ソフトウェアの利用許諾契約（利用規約）では、公序良俗に反する使用、プログラムの解析・複製・再配布、第三者への貸与や譲渡など、できないのがあたりまえのことを含めて多くの禁止事項を書き並べていて、難解な長文であることがほとんどです。禁止事項のほかに確認するポイントは、そのソフトウェアを何台のパソコンにインストールできるのか、同時に使用できるのは何人までか、使用期間や年齢制限はあるか、などです。そのソフトウェア独自の制限があるかも確認しておきましょう。

　なお、市販のソフトウェアと同様に、各種のWebアプリ、SNS、クラウドサービスなどのWebサービスにも利用許諾契約があります。これらのWebサービスを利用するにあたっても、利用規約の内容を確認するのが本来の使い方です。

▲ソフトウェアの利用規約の内容はきちんと確認しておこう

まとめ

- ●ライセンスによって、ソフトウェアを利用する権利を持てる
- ●ソフトウェアの利用許諾契約に同意したら、その規約に従うことになる
- ●SNSやクラウドなどのWebサービスにも利用のための規約がある
- ●本来は、利用規約の内容を確認してからソフトウェアを利用する必要がある

Chapter 4 パソコンのOSとアプリケーション

Microsoft 365ってなに？

Microsoft 365 は 1 年ごとに料金を支払うサブスクリプション型の Office です。ここでは個人向けの Microsoft 365 Personal を題材に解説します。

● ● ● ● ● ● ● ● ● ● ● ● ● ● ● ● ● ● ● ●

使い続ける限り料金を支払うか、買い切りか

　従来のOfficeは買い切り型と呼ばれる販売方式です。購入後はインストールしたパソコンで永続的（サポート期間は有限）に使用できますが、Office 2019からOffice 2021に更新するような、大きなバージョンアップをする場合は新たに費用がかかります。1つのパッケージでインストールできるパソコンは2台までです。

　一方、Microsoft 365 Personal（旧名Office 365）はサブスクリプション型と呼ばれる販売方式です。使用を続けるには1年または1カ月ごとに料金を払う必要がありますが、バージョンアップの費用は不要で、アップデートによって常に最新バージョンを使用できます。1つのアカウントでインストールできるパソコンの台数に制限はなく、5台まで同時に使用できます。WindowsやMacだけでなく、iPadやiPhone、Androidでも使用できます。

Microsoft 365か、買い切り型Officeか選ぶポイント

　買い切り型OfficeとMicrosoft 365は、どちらもエクセルやワードなどのOfficeアプリを使用でき、各アプリの機能も基本的に同じです。ただし、Microsoft 365はすべてのOfficeアプリを使用できますが、買い切り型Officeはエディションによって利用できるアプリが異なります。

　ユーザーの使い方にもよりますが、Microsoft 365は常に最新版を使用できるので、買い切り型Officeと比べてセキュリティ面で安心感があります。Microsoft 365は毎年の使用料によって、3年ほどで買い切り型Officeよりもコスト高になりますが、安全性には代えられません。買い切り型Officeには各バージョンごとにサポート終了期限があるので、その前にMicrosoft 365に移行するかどうか検討することになります。

　新機能が随時反映されることも、Microsoft 365のメリットです。また、Microsoft 365にはクラウドストレージのOneDriveが1テラバイト付属します。これだけあれば、ノー

トパソコンを外に持ち出して作業しても、容量が不足することはないでしょう。OneDrive
のファイルはクラウド側でバックアップが行われるので安心できます。

　一方、Officeアプリのうちエクセルしか使わない、Officeは1台のパソコンでしか使わな
い、スマホやタブレットでOfficeを使うことはないなど、使い方が限定されていて将来的
にもそれが変わらない場合は、買い切り版のOfficeを選択してもよいでしょう。

	Office Personal 2021	Microsoft 365 Personal
料金	買い切り（32,784円）	毎年（12,984円）
アプリ	ワード、エクセル、アウトルック	すべてのOfficeアプリ（一部アプリはMac非対応）
機能の更新	不都合の修正やセキュリティの更新のみ	左記に加えて、常に最新バージョンにアップデートされる
インストール台数	2台まで	制限なし。同時使用は5台まで
スマホ、タブレット	未対応	対応
クラウドストレージ	なし	1テラバイトのOneDriveを利用可能

▲Microsoft 365は従来のOffice 2021と多くの点で異なる

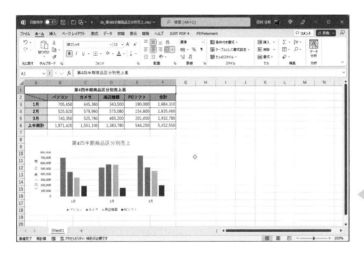

◀Microsoft 365のエクセルの
画面。機能はOffice 2021の
エクセル（エクセル2021）
と基本的に変わらない

まとめ

● Microsoft 365は使用を続けるために料金を支払うサブスクリプション型、従
来のOfficeは永続的に使用できる買い切り型である
● Microsoft 365は常に最新版が使えるので、セキュリティ面でより安心できる
● Microsoft 365はインストール台数に制限がなく、スマホなどでも使える

アカウントは
何のためにある？

サービスを利用するための権利のことをアカウントといいます。
アカウントの ID やパスワードなどは重要な機密情報です。

アカウントの登録はサービスへの入会手続き

　インターネット上のサービスを利用するにはアカウント登録が必要です。アカウント登録
は各サービスの提供先ごとに行う必要があります。実際の登録手続きは、Web ブラウザを
使ってネット上で行うのが基本です。

　一例として、ネットバンクの口座を開くとしましょう。口座を開くためには、まずアカウ
ントを登録します。登録の代わりに作成、取得などともいいます。アカウントの登録時に
ID（アイディ =identification）が割り当てられ、パスワードを設定します。パスワードは、
自分のアカウントを他人に使わせないための鍵のようなものです。パスワードは他人には知
られないようにします。IDはサービスを利用するための会員番号のようなもので、「アカウ
ント名」「ユーザー名」「ログイン名」などと呼ばれることもあります。アカウントの登録が
完了すると、ネットバンクのサービスを利用することができます。

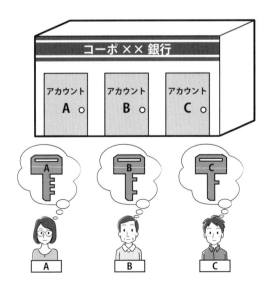

◀ Web サイト上にある自分の
情報（部屋）にアクセスす
るには、自分だけが知って
いる ID（会員番号）と鍵（パ
スワード）が必要

提供元の異なるサービスの認証に利用できるアカウントもある

サービスAを新規に利用登録するとき、サービスBのアカウントを持っていると、サービスAの登録手続きがかんたんになる場合があります。すでにほかのサービスで承認済みのアカウントを、別のサービスの登録に転用できるわけです。

たとえば、新たにLINE（ライン）を始めたい人がすでにフェイスブックのアカウントを持っていれば、フェイスブックのアカウントでLINEの利用を開始することができます。

マイクロソフトアカウントとローカルアカウント

マイクロソフト提供のメールサービスOutlook Express、クラウドストレージOneDrive、Windowsストアなどを利用する際に必要なのがマイクロソフトアカウントです。マイクロソフトアカウントに対して、Windowsの従来のユーザーアカウントのことをローカルアカウントと呼びます。自分が使っているパソコンのアカウント情報は、「設定」画面の「アカウント」で確認できます。

マイクロソフトアカウントには複数のパソコン間で設定情報を同期する機能があります。Windowsの基本設定やEdgeブラウザのお気に入りなど、マイクロソフトが提供する各種サービスの設定情報を、同じマイクロソフトアカウントで利用している他のパソコンとの間で同期できるのです。パソコンごとに設定をする手間が省けるので便利です。

ローカルアカウントでパソコンを使う場合、ユーザー情報がそのパソコンだけに保存されるので、情報漏洩のリスクを減らせるという考え方もできます。また、複数のパソコンでユーザー名を自由に設定できることをメリットとする利用者もいるでしょう。

まとめ

- アカウントはサービスを利用するための権利のことである
- IDはサービスを利用するための会員番号、パスワードは自分のアカウントを他人に使わせないための鍵のようなものである
- マイクロソフトアカウントを利用すると、マイクロソフト社の各種サービスを利用でき、Windowsの設定情報を複数のパソコンで共有できる
- あるサービスのアカウントを別のサービスでも利用できる場合がある

Chapter 4 パソコンのOSとアプリケーション

16

「体験版ソフト」って なに？

有料のアプリを購入する前に、試しに無料で使えるのが体験版ソフトです。
体験版ソフトは使用できる機能や期間が限定されています。

● ●

購入判断のための無料のお試し版、評価版

　アプリやWebサービスを購入するか迷っているとき、ネットの紹介記事や商品レビュー、クチコミ情報などは大いに参考になります。しかし、業者による「やらせレビュー」や誤ったクチコミも多いので、やみくもに信じるわけにはいきません。

　アプリにせよ、Webサービスにせよ、使い勝手を判断する一番よい方法は自分で実際に使ってみることです。そもそも、そのアプリが自分のパソコンできちんと動作するかは、実際に試してみないとわかりません。

　そこで役に立つのが体験版ソフトです。体験版ソフトは化粧品の試供品のようなもの、と考えることができます。体験版ソフトを試してからであれば、より安心して購入できます。購入したいアプリの体験版ソフトがある場合は、ぜひ利用しましょう。

▲アプリや Web サービスの体験版は、化粧品の試供品のようなもの

体験版ソフトが製品版になる？

大きく分けて、体験版ソフトは2種類あります。1つは、ファイルの保存や印刷ができない、ゲームの最初のステージしかプレイできないなど、製品版の一部の機能を使えなくした機能制限版です。機能制限版の制限を解除するにはライセンスキーを購入します。

もう1つは、一定の試用時間だけすべての機能を使える期間限定版です。期間限定版はライセンスキーを購入して入力すると、製品版として継続して使用できます。

Adobe Plemiere ELements 体験版の試用期間が過ぎると表示されるダイアログ。製品版を購入してライセンスキーを入力すると、そのまま継続して利用できようになる

サブスクリプションサービスでも使われている体験版

利用期間に応じて課金されるサブスクリプションサービスにおいても、体験版ソフトと同様の販売方法が使われているものがあります。「広告が表示されるかわりにずっと無料」というサービスもありますが、気を付けたいのは「最初の一定期間は無料で、その後は有料になる」というサービスです。このようなサービスの中には、無料期間が過ぎると自動的に有料契約に移行するものがあります。有料契約にしたくない場合は、無料期間のうちに解約する必要があります。合法的に契約が成立してしまった場合、「そんな話は聞いていなかった」は通用しない可能性もあるので、サービスに登録する前に、有料サービスへの移行のしくみや解約の手順を確認しておきましょう。

まとめ

- ●体験版ソフトを利用すれば、アプリの内容を自分で確かめることができる
- ●体験版ソフトは大きく分けて、機能制限版と期間限定版がある
- ●ライセンスキーを購入して入力すると製品版になる体験版ソフトも多い

パソコンのOSとアプリケーション

Chapter 4

フリーソフトって なに？

フリーソフトとは無料で利用できるアプリや Web サービスのことです。どんな種類があるのか、どこに注意すべきか、なぜ無料なのかについて解説します。

使いきれないほど多くのフリーソフトがある

　世の中には、有料ソフトと同じような機能を持ちながら、無料で配布されているフリーソフトが無数にあります。ワードやエクセル、パワーポイントなどのファイルを読み書きできる無料のOfficeアプリもあれば、Windowsの不調を直すアプリ、Windowsを高速化するアプリもあります。バックアップ用アプリやセキュリティ対策アプリもあります。お絵描き、動画作成、作曲といったアプリもいろいろです。ゲームもたくさんあります。

　ここまで書いて今さらですが、実は、フリーソフトは1冊の本全部を使っても紹介しきれないほどたくさんあります。有料のアプリがカバーしている範囲のほぼすべてについて、同じような機能を持つフリーソフトが存在するといってよいでしょう。中には、有料アプリにはない機能をもつフリーソフトや、有料のアプリを超えるすばらしい作りのフリーソフトも存在します。

なぜ無料なのか、理由はいろいろ

　フリーソフトの中には、利益を目的とするソフトウェア会社が作っているものもあります。たとえば、自社の主力アプリの基本的な機能を抽出してフリーソフトにしたものです。体験

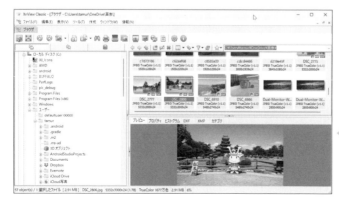

フリーソフトの画像ビューワー「XnView Classic」。多くの画像形式に対応しており、Windowsの「フォト」アプリでは開けない画像ファイルも開くことができる

版ソフト（P.132参照）との違いは、無料で使い続けられる点です。

　ソフトウェア会社のプログラマーが休日や勤務時間外に自分が使用するアプリを作り、それをフリーソフトとして公開するケースもあります。開発者は自分の技術を磨くことができるので、無料で配布しても十分得るものがあります。ソフトウェア会社に勤めてなくても、優れたプログラミングができる人は世の中にたくさんいます。いわゆるオープンソースソフトウェアの中には、有志のプログラマーが集まって作っているフリーソフトもあります。

フリーソフトを使う上での注意点

　無数のフリーソフトから自分に合うものを選ぶには、インターネットで検索するのが手軽です。たとえば、Webブラウザの検索欄に「お絵描き　フリーソフト」と入力すれば、お絵かき用のフリーソフトに関するWebサイトの一覧が表示されます。一覧を見るだけでは選べない場合はYouTubeの検索欄に「お絵描き　フリーソフト」と入力すれば、お絵描き用のフリーソフトについて、ユーザー目線での紹介動画を見ることができます。

　Google検索で上位に表示されるサイトであればほぼ安心できますが、フリーソフトがウイルスに汚染されていたり、提供元のWebサイトが改ざんされている可能性もあります。そこで、筆者はフリーソフトの情報サイトとして定番の「窓の杜」や「Vector」をよく利用します。まずはこのあたりを探してみましょう。

　また、ほとんどのフリーソフトにはサポートがありません。ユーザーが自力で使い方を理解し、問題が発生したら自分で対処する必要があります。どんなソフトウェアにもいえることですが、バグ（プログラムの欠陥）のないソフトウェアはありません。フリーソフトを使ってWindowsの不調を直そうとしたら、バグのせいでパソコンが起動しなくなった、という事態もあり得るのです。

　フリーソフトを使わないのはもったいないですから、上記の注意点を念頭において有効に利用しましょう。

まとめ

- 無料で利用できるフリーソフトには有益なものがたくさんある
- フリーソフトはインターネットから入手するのが基本だが、配布先がきちんとしているか注意する
- フリーソフトはサポートがないが、バグの可能性はあり、利用は自己責任である

Chapter 4

パソコンのOSとアプリケーション

プログラミングって難しいの？

小学校でプログラミング教育が必修化されたり、AI や IoT でキーワードになるなど、プログラミングが話題になっています。

自分で作るプログラミングは楽しい

パソコンのプログラムはプログラミング言語で定められた「決まり事や文法」に従って書かれています。プログラミングではこの決まり事や文法に慣れる必要があるので、人によって向き・不向きはあります。ですが、レシピを見て料理を作ったり、説明書を読んでイスを組み立てるなど、仕事を一連の作業手順の流れとして考えることができるならば、プログラミングへの適性は十分にあるといえます。

料理や日曜大工など、自分で何かを作るのはとても楽しいものです。完成した作品への愛着も強いでしょう。プログラミングも同じで、自分でパソコンのプログラムを作るのはとても楽しいことなのです。自作のプログラムが動いた時の達成感は格別です。

```
var input = document.getElementById("input_text");
    console.log(input.getAttribute("value"));
    console.log(input.value); //
    input.value = "change!!";
    console.log(input.getAttribute("value"));
    console.log(input.value);
```

▲ 自分でプログラムを作ることには、料理や日曜大工と同じ楽しさがある

体験するのが一番の近道

プログラミングを始めるには2つの方法があります。必要な知識を習得してからプログラミングを始める方法と、実際にプログラミングを体験しながら必要な知識を習得していく方法です。筆者のおすすめは後者で、「とにかくやってみる」ことが一番の近道です。

プログラミングは独学でも可能です。インターネット上で無料または低価格でプログラミング講座を提供するサービスもあるので、それを利用するのもよいでしょう。プログラミングの解説書を買って、例題を動かしたり、自分なりに改造してみるのもよいでしょう。

ハードルを低くしてプログラミングを始める

プログラミングを始める上でのハードルは環境作りです。環境作りとは、プログラムを書いたり実行したりするのに必要なアプリやデータをパソコンにインストールして、適正に設定することです。

初心者は環境作りのハードルが低いプログラミング言語を選ぶのがよいでしょう。おすすめは、Webブラウザがあれば動作するJavaScript（ジャバスクリプト）です。また、プログラミング環境を提供するWebサービスもあります。一例として、paiza（パイザ）があります。このようなサービスを利用すると、Webブラウザとネット回線だけでプログラミングを始めることができます。

paiza（https://paiza.jp/）は会員登録すると無料でプログラミングの学習ができる講座が多数用意されている

まとめ

- 仕事の流れをステップごとに細分化できる人なら、プログラミングにも適性がある
- プログラミング言語には特有の決まり事や文法がある
- ハードルが低いプログラミング言語やWebサービスを利用して、実際に体験しながら勉強するのがベスト

Chapter
4

パソコンのOSとアプリケーション

IDとパスワードはどのように管理するべき？

たびたびニュースで話題になるアカウント情報の流出。
ここでは安全にアカウントを管理するためのヒントを紹介します。

パスワード流出の恐怖

　自分のパスワードが他人に知られたり、かんたんに推測される状態だとしたらどうなるでしょう。ネットバンクの預金がごっそり引き出される、ネット通販で高価な商品を購入される、プライベートの写真を世界中にばらまかれる、などのあらゆる被害が考えられます。

　「金持ちでもないし、自分のことなど誰も狙わない」と思いがちですが、悪意のある人（犯人）にとってはそこが狙い目です。ワナにはめる相手は金持ちである必要はなく、誰でもいいのです。無防備な人のパソコンを乗っ取り、無力化したパソコンを踏み台にして、もっと上にいる本来のターゲットに攻撃をしかけます。つまり、パスワードの管理が甘いと、自分が直接被害にあう危険性と、自分のせいでほかの人を被害に巻き込んでしまう危険性の両方が高くなるのです。

IDやパスワードの日頃の管理をしっかりやる

　ありがちな「うっかり」には十分な注意が必要です。パスワードやIDをメモに書いて他人の見えるところに貼る、机の上に放置するなどはもってのほかです。盗み見も要注意です。

◀ パスワードが盗まれると、
悪意のある人からさまざ
まな被害を受けかねない

IDやパスワードを入力しているとき、肩越しに覗かれたり、写真や動画を撮られたりする可能性もあります。

　自分のパソコンを悪意のある人に操作されると、IDやパスワードを知られてしまいます。パソコンの使用中に席を離れるときはスリープ状態にし、スリープ状態からの復帰にはパスワードの入力や指紋認証などが必要になるよう設定しておきましょう。

　さまざまなWebサービスに登録すると、管理するパスワードの数も増えます。パスワードの管理ミスの危険性も増えるので、使ってないアカウントは削除すると安全です。

　パスワードの管理では、ユーザー自身が忘れてはいけない、他人に知られてはいけないという2つの条件をしっかり守りましょう。「絶対安全な管理方法」というものは存在しませんが、P.243にいくつか例示したので参考にしてください。

インターネットの利用方法を見直す

　Webサイトを閲覧後のWebブラウザはそのまま開いておかず、必ずウィンドウを閉じるようにします。通販サイトやSNSを利用したあとは、必ずログアウトしましょう。

　IDやパスワードをWebブラウザに保存する「オートコンプリート機能」や「パスワードの保存機能」を使うと、次回からは自動的に入力されるので便利です。ただし、そのパソコンを他人に使わせたらアウトです。保存したIDやパスワードが他人に使われる危険があります。複数の人で使う共用パソコンでは、Webブラウザのオートコンプリート機能やパスワードの保存機能はオフにしておくか、シークレットタブやプライベートウィンドウなど、ブラウザに備わっているセキュリティ機能を使うと安全です。

　コンピュータウイルスに感染するとIDやパスワードを抜き取られたり、広範囲にばらまかれたりする可能性があります。Windowsのセキュリティ機能や市販のセキュリティ対策ソフトを利用し、ウイルスのパターン定義ファイルは常に最新版に更新しましょう。

パスワードは推測されにくいものにする

　流出したパスワードを調査すると、もっとも使われているのが「123456」で、次は「password」だったという笑えない話があります。パスワードは誕生日など他人に推測されるような、かんたんなものにしてはいけません。パスワードは大文字・小文字・数字・記号を混ぜた、できるだけ長いものにすると安全性が高くなります。

　また、複数のサービスで、同じIDやパスワードを使い回すのは危険です。あるWebサービスでアカウント情報が流出すると、芋づる式にほかのWebサービスにも侵入されてしまいます。

Chapter 4
パソコンのOSとアプリケーション

🖱 自分でヒントや答えをばらまかないよう注意！

　皮肉なことに、インターネットの普及により、多くの人が日常的に自分のパスワードのヒントをばらまいています。一例として、SNSの投稿は個人情報のかたまりです。誕生日やおおよその住所、仕事の内容、趣味……さまざまな個人情報をみずからばらまいているともいえます。こういった情報がパスワードを推測されるヒントになる可能性があります。

　また、ネットバンクのアカウントを第三者に不正利用させないために用意されている「秘密の質問」も要注意です。この質問、プライベートな内容なので、答えを知っているのは正規のユーザーだけという前提になっています。ところが、ユーザーみずから、秘密の質問の答えをブログやSNSに書き込んでいることがあります。たとえば、「新婚旅行はハワイでした」とか「初めて買った車は××です」とか……身に覚えありませんか？

　ブログやSNSに投稿すると、何十億人もの人々に公開したことになる、ということを常に意識すべきなのです。

まとめ

- ●IDやパスワードなど、アカウント情報の流出によるリスクを認識する
- ●IDやパスワードの日頃の管理方法を見直して、基本的なガードを固める
- ●Webブラウザの機能を見直して、セキュリティ対策を実施する
- ●ブログやSNSでパスワードのヒントを書かないよう注意する

Column

昔は個人情報に対して大らかだったのに最近は窮屈？

　昔と比べて、現在は個人情報が広まる範囲が比較にならないほど大きくなりました。原因はインターネットの普及です。

　個人情報に関する問題は「自分はネットで名前と顔を出しているけれど、何も問題は起きてない」というように、"結果オーライ"で語られがちです。しかし、それは「これまではラッキーだった」というだけなのです。ひどい目にあってから「個人情報をもっとしっかり管理するべきだった」と嘆いても手遅れです。

　時代は変わったのです。自分や自分のまわりの大切な人を守るためには、個人情報に対して時代に即した行動をとる必要があります。それを「世知辛い」と感じる人もいるでしょうが、いつまでも郷愁の思いにとらわれているのは危険です。

Index

アナログとデジタルのデータはどう違う？

デジタルは情報を数値化したもので、くっきりと区別できる段階に分けて表されます。アナログはデータや量が切れ目なく変化します。

デジタルとアナログ

デジタルは「キリのいい数値」という意味です。デジタルにはあいまいさがありません。段階に分けて数値で表されます。

　たとえば、筆者が使用しているデジタル体温計は36.5℃と36.6℃の間の値はありません。実際の体温が36.5℃よりわずかに高かったとしても、きっちり36.5℃と表示します。36.5℃より熱が上がって36.6℃に近くなると、いきなり36.6℃の表示に変わります。これはデジタル体温計が故障しているとか、精度が低いとかいう話ではありません。体温を0.1度より細かく測る必要はあまりないので、実用上まったく問題ないのです。

　対するアナログは「連続した量」という意味で使われます。アナログには途中の値があり、あいまいさがあります。

　たとえば、筆者が以前使用していた体温計は水銀が細い管の中に入っていて、体温に応じて水銀が上がり下がりするものでした。目盛りは0.1℃刻みだったので、水銀が36.5℃と36.6℃の中間くらいで止まっていたら「体温は36.5℃と36.6℃の間だな」と目分量で判断していました。

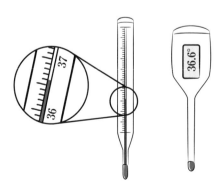

水銀体温計はアナログで、
電子体温計はデジタル

デジタルのメリット・デメリット

コンピュータが扱えるのはデジタルです。アナログ量はデジタルに変換してから処理します。なぜ、コンピュータはデジタルなのでしょうか？

デジタルはあいまいさのないキリのいい数値で表されているので、時間がたっても変化しません。繰り返しコピーしても、もとのデータと変わりません。大きなメリットですが、安易なコピーをされたくない場合は、コピーを制限するしくみを作る必要があります。

ノイズに強いのもデジタルの長所です。デジタルは0または1の数値が伝わればよいので、雑音などの影響を受けにくく、広い範囲に遠くまで質の高い情報を伝えることができます。一方、アナログはわずかな雑音でも品質が低下し、環境の影響が大きいのです。

ただし、デジタルデータも何らかの原因で数値が正しく伝わらない場合は、もとの情報とは似ても似つかない異常な情報になることがあります。アナログはもともとあいまいさを持っているので、ノイズが混入して品質が低下しても、もとのデータの面影は残ります。たとえば、コーヒーをこぼした手紙でもなんとか文字が読めるようなものです。

デジタルは数値の羅列なので、計算しやすく、編集・加工しやすいのも利点です。決められた手順に従って処理すれば、誰でも同程度の出来映えになります。アナログは加工する人の腕前や道具の良し悪しで、出来映えが大きく左右されます。

Chapter 5 ファイルがわかるとパソコンがもっとわかる

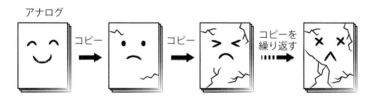

アナログデータと違い、デジタルデータはコピーしても劣化しない

まとめ

- デジタルは情報を段階的に分けて数値化したもので、あいまいさがない
- アナログは切れ目なく連続的に変化する量である
- デジタルは時間の経過やコピーによる劣化がなく、ノイズに強く、加工しやすい

Chapter 5
ファイルとは？
02

データとファイルは同じもの？

数値や文字や図形など、情報そのものがデータです。
データを記録したり、まとめて保存したものがファイルです。

🖱 情報＝データ、データを記録したものがファイル

　例として、エクセルに1つだけ173という数値（実は筆者の身長です）を入力したとします。この場合、「データ」は「173」という数です。表と呼ぶにはあまりにもシンプルですが、この「表」を保存したものをファイルと呼ぶのです。

　データの「173」は、それだけでは形がなく、誰にも見えません。エクセルに入力すれば、そのときは見えるようになりますが、保存しなければ消えてしまいます。データをファイルに保存することによって、実体を持つことになり、長期保存が可能になり、配布が可能になり、共有が可能になり、蓄積が可能になり、さまざまな形で再利用が可能になります。

　ところで、ユーザーが保存するものだけがファイルではありません。実は、OSやアプリもファイルの集合体です。OSやアプリは、開発元のプログラム（これがデータ）を保存したものだからです。

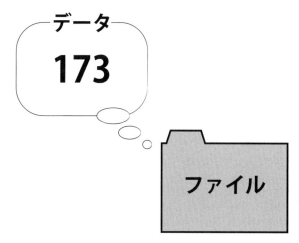

◀ 形のないデータ（ここでは「173」）をファイルに保存すると、さまざまな形で利用できる

アプリが変わるとファイルも変わる

　左ページの例であげたエクセルのファイルには、唯一のデータである「173」以外にもいろいろな設定値が保存されます。ファイルは「入れ物」としての役割があるので、「173」を入れたセル番地やフォントの種類、文字の色、文字の大きさなど、本来のデータ「173」以外にも、さまざまな設定値がまとめて記録されています。次回、このファイルをエクセルで開くと、保存したままの表が画面に表示されて「173」という数値が入力されているのを確認できます。ファイルがデータ「173」の「入れ物」としての役目を果たしたわけです。

　同じ173というデータを扱っていても、アプリが異なるとファイルも異なります。エクセルで「173」と入力したファイルと、ワードで「173」を入力したファイルとはまったく違います。この説明でも、データは「情報」そのものであり、ファイルは「アプリがデータを処理しやすいようにまとめて記録したもの」ということがわかると思います。

　さらに、同じアプリでもバージョンアップすると、異なるファイル形式になることがあります。この場合は、そのファイルがどのバージョンのアプリで作られたのかについても気を使う必要があります。

▲ 同じ「173」というデータが収まっているファイルでも、異なるアプリで作ればファイルはまったくの別物となる

まとめ

- 情報そのものがデータで、ファイルに保存することでパソコンで利用できる
- OS もアプリケーションもファイルの集合体でできている
- データが同じでも、アプリやバージョンが違うとファイルも異なる

ファイルがわかるとパソコンがもっとわかる

Chapter 5

03 ファイルのサイズを 小さくするしくみは？

ファイルのサイズを小さくすることを「ファイルの圧縮」といいます。
実は、ファイルの圧縮には数学的な手法が駆使されています。

ファイルの圧縮とは？

ファイルのサイズを小さくすることをファイルの圧縮といいます。ファイルを圧縮すると、ハードディスクやSSDの容量を節約し、CD/DVDやUSBメモリにコピーする時間を短縮できます。また、ファイルをメールに添付して送る場合、ファイルを圧縮することで送受信にかかる負荷を減らすことができます。「こうや豆腐」や「ふとん圧縮袋」のようなイメージ、というとわかりやすいかもしれません。

圧縮されたファイルは圧縮ファイルと呼ばれます。圧縮ファイルをもとに戻すことは展開や解凍のほか、「伸張」「復元」「圧縮解除」と呼ばれることもあります。

よく使われる圧縮形式はZIP（ジップ）で、WindowsとMacは標準の機能で利用できます。ファイルの圧縮は1つのファイルを対象とするだけでなく、複数のファイルを1つの圧縮フォルダーとしてまとめることもできます。

元のファイル

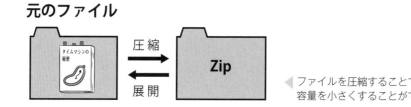

◀ ファイルを圧縮することで、容量を小さくすることができる

圧縮のしくみ

ファイルの圧縮には数学的な手法がふんだんに使われます。ここでは、もっとも基本的な圧縮法であるランレングス法の原理を紹介します。

例として、あるテキストファイルの内容が「AABBBCCCCC」という10文字のアルファ

ベットだったとします。ランレングス法では同じ文字の繰り返しを「文字の種類」と「繰り返し回数」の組で表わします。

　試しに、やってみましょう。最初のAは2回なので「A2」とします。Bは3回繰り返すので「B3」、Cは5回繰り返すので「C5」と変換されます。全部で「A2B3C5」の6文字分になり、もとの「AABBBCCCCC」に比べて4文字分圧縮されました。「A2B3C5」からの復元は、圧縮したときの逆のプロセスを実行します。

　実際に使われるZIPなどの圧縮形式では、ここで書いた例とは比較にならないほど高度な数学的手法を使っています。

可逆圧縮と非可逆圧縮

　音声圧縮のMP3ファイルでは、数学的な圧縮技法に加えて、人間の耳に聞こえにくい音の微細な部分をカットして、ファイルサイズを10分の1にまで圧縮しています。カットしたのが耳に聞こえにくい微細な部分なので、圧縮前の原音を完全に復元できなくても実用上はあまり気になりません。このような圧縮方法を、非可逆圧縮または不可逆圧縮といいます。画像のJPEGも非可逆圧縮で圧縮されています。

　これに対して、もとの情報を完全に復元できる圧縮方法を可逆圧縮またはロスレス(Lossless) 圧縮といいます。ZIP形式は可逆圧縮の一例です。

▲ ラングレンス法による圧縮方法のしくみ

まとめ

● ファイルのサイズを小さくすることを圧縮といい、ZIP形式がよく使われる
● 圧縮には可逆圧縮（ロスレス圧縮）と非可逆圧縮（不可逆圧縮）がある

ファイルとは？

04

ファイルの拡張子には どんな役割がある？

ファイルをダブルクリックするとアプリが自動的に起動するのは、ファイル末尾の文字列「拡張子」を見て、OSがファイルの種類を判断しているためです。

拡張子はファイルの種類を示す

ファイル名の末尾には、「ピリオド＋文字列」の部分があります。この部分がファイル名の拡張子（かくちょうし）です。拡張子はアプリやWindowsによって自動的に付け加えられます。

一例として、ワードで文書を作ってファイルを保存すると、ファイル名の末尾部分が「.docx」になります。「.docx」の部分はユーザーが指定しなくても、ワードが自動的に付け加えてくれます。

拡張子は、いわばファイルの由来、ルーツにあたります。拡張子はファイルの種類を判別するための文字列です。拡張子を見れば、そのファイルの種類や、どのアプリで使われるファイルなのかがわかるしくみになっています。

ファイルのダブルクリックでアプリが起動するのはなぜ？

ファイルをダブルクリックすると、特定のアプリが自動的に起動し、ダブルクリックしたファイルを読み込んだ状態でウィンドウを表示します。これがファイルの関連付けというしくみで、ダブルクリックで自動的に起動したアプリを既定のアプリといいます。

そのからくりは、「アプリ」と「拡張子」の対応がWindowsに登録されていることにあります。その対応に従って、拡張子ごとに適したアプリが自動的に起動するようになっているのです。

一般的によく使われる拡張子については、規定で起動するアプリがあらかじめ設定されています。それ以外の拡張子については、アプリをインストールする時点で、アプリと拡張子の対応がWindowsに登録されます。アプリと拡張子の対応は、Windows 11/10の「設定」からユーザー自身で変更することもできます。

なお、ファイルの拡張子を手動で変更しても、それだけではファイルの形式（ファイルの

中身）までは変わりません。ファイルが開かなくなるなど思わぬ副作用の可能性もあるので、手動で拡張子を変更するのはやめたほうがいいでしょう。

拡張子	ファイルの内容
.txt	テキストファイル。文字だけでできたファイル
.html	Web ページを記述する HTML ファイル
.pdf	文書をレイアウトまで含めて印刷時のイメージで再現する PDF 形式のファイル
.csv	複数のデータをコンマで区切って保存したファイル。表計算ソフトやデータベースソフトで使うと便利
.jpeg または .jpg	デジカメ、画像ソフトなどでよく使われる JPEG 形式の画像ファイル
.gif	インターネットの Web サイトでよく使われる GIF 形式の画像ファイル
.png	画像ソフトなどでよく使われる PNG 形式の画像ファイル
.bmp	Windows 標準の BMP 画像ファイル
.mp3	圧縮音声ファイルの代表的なファイル形式「MP3」のファイル
.mp4	動画ファイルの代表的なファイル形式「MP4」のファイル

▲代表的なファイルの拡張子

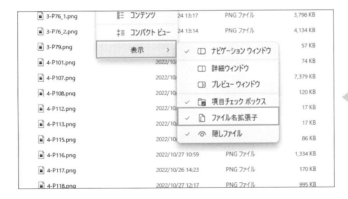

▷ Windows は標準で拡張子が表示されない。Windows 11 の場合は、エクスプローラーの「表示」メニューをクリックし、一番下の「表示」にマウスポインターを合わせて、「ファイル名拡張子」をクリックしてオンにすると表示される

まとめ

● ファイル名の末尾にある「ピリオド＋文字列」の部分を拡張子という
● 拡張子はファイルの種類や使用するアプリを表す情報である
● Windows に拡張子と規定のアプリの対応が登録されており、拡張子ごとにアプリが自動的に起動するようになっている

「隠しファイル」って なに？

隠しファイルは画面上には表示されないファイルやフォルダーです。
OS の設定によって、表示されないようにできます。

重要なファイルを誤操作から守る

　OSの動作に必要なファイルをうっかり削除したり、ファイル名を変更したり、内容を書き換えたりすると、OSは正常に動作しなくなります。最悪の場合、OSの再インストールが必要になることもあります。このようなミスは、キーの押し間違いやマウスポインターのちょっとしたずれなどでも起こる可能性があります。

　このようなうっかりミスを防止するために用意されているのが「隠しファイル」という考え方です。Windowsの初期設定では、OSの動作に欠かせない重要なファイルは隠しファイルの設定になっています。ファイルが画面上に表示されなければ削除や編集はできないので、うっかりミスを回避できます。存在するけれど見えない、まるで透明人間です。

▲重要なファイルを「隠しファイル」に設定すると、間違えて削除するリスクがなくなる

　隠しファイルは意図的に表示させることもできます。エクスプローラーの「表示」メニューから「隠しファイル」をクリックしてオンにします。とはいえ、前記のうっかりミスのリスクがあるので、ここをオンにするのはおすすめしません。

自分が作成したファイルを隠すこともできるが危険性あり

　ファイルのプロパティの画面で「隠しファイル」のチェックをオンにすることで、ユーザーが作成したファイルを隠しファイルにできます。チェックをオフにすれば再表示できるので、あまり厳重な機密保持機能ではありませんが、「人に見られたくないファイルをちょこっと隠す」というレベルであれば使えます。

　ただし、これをやると「ファイルを隠したこと」を忘れてしまい、大切なファイルを見失う危険性があります。なんらかの理由で隠しファイルにする場合は、その必要がなくなったら忘れないうちに「隠しファイル」のチェックをもとに戻しておきましょう。

◀ Windows はファイルのプロパティ画面で「隠しファイル」のチェックをオンにすると隠しファイルにできる

まとめ

● 隠しファイルはうっかりミスによるファイルの削除や変更を防止する機能である
● 隠しファイルに設定したファイルの実体はあるが、画面上には表示されない
● ユーザーが作成したファイルを隠しファイルに設定できるが、ファイルを見失う危険性がある

ファイルが壊れるって、どういうこと？

「ファイルが壊れる」とは、ファイルの管理情報がおかしくなったか、ファイルの中身に何らかの矛盾が発生した状態です。

ファイルの実体は無事だが管理情報が壊れた可能性が高い

　ディスクドライブ上にはファイルの実体が記録される領域のほか、ファイル管理情報を記録する領域があります。ファイルの管理情報とは、ファイルの名前やファイルの実体が記録されている場所（ディスク上の記録位置）などの情報をまとめた「ファイルの住所録」のようなものです。

　このファイル管理情報がおかしくなる＝不整合が生じることがあります。アプリやOSのバグ、USBメモリの不正な操作、ドライブの故障、ウイルスの感染など、不整合の原因はさまざまです。ファイルが壊れるとは、管理情報に不整合が生じてエラーが発生し、ファイルを開くことができない状態です。

▲ 何らかの原因でファイル管理情報に不整合が発生すると、そのファイルは壊れて読めなくなる

ファイル管理情報を修復する

壊れたファイルを正常に戻すには、ファイル管理情報を修復する必要があります。これには専用のアプリを利用しますが、どんなエラーでも修復できるとは限りません。

ファイル管理情報の不整合の内容によっては修復不可能なこともあり、アプリによっては、ファイル管理情報のエラーをなくすことを優先するためにファイル管理情報をやむなく初期化する場合があります。ファイルが壊れているというエラーは出なくなるものの、そのファイルが初めから存在しなかったことにされてしまうのです。

ファイルの実体（中身そのもの）が壊れている場合もある

アプリを使用中のフリーズなどが原因でファイルを正しく保存できず、ファイルの中身が壊れることもあります。また、データを書き込み中のUSBメモリをパソコンから引き抜いた場合にも、ファイルの実体が壊れる可能性があります。こういった事故を防止するため、エクセルやワードのように自動的にバックアップを作成したり、ファイルの回復情報を記録したりする機能を備えたアプリもあります。安全のため、アプリに自動バックアップ機能がある場合は常にオンにしておきましょう。

大切なデータはバックアップをとっておくのが確実

そもそも、エラーでファイルが開けないということは、パソコンが何らかの問題を抱えている可能性があるということです。その場合、壊れたファイルを見かけ上は修復できたとしても、すみからすみまで完璧にもとの状態に戻ったのか不安が残ります。

パソコンを使う上で一番大切なのは、アプリで作成したデータです。結局のところ、ファイルが壊れるのを防ぐ最善の策は「データは小まめに保存すること。データはバックアップすること」でしょう。OneDriveなどのクラウドストレージの利用も有効です。

Chapter
5

ファイルがわかるとパソコンがもっとわかる

ま と め

- ファイルが開けないとき、ファイル管理情報に不整合が生じている可能性がある
- 壊れたファイルを復元する機能を備えたアプリもあるが、万能ではない
- 壊れたファイルを運よく復元できる場合もあるが、バックアップしておいたファイルを使うのが最善の策である

ファイルを削除しても復元できるしくみを知りたい！

ドライブ上のファイルを OS 上で「完全に削除」しても、消えるのは
ファイルの管理情報だけで、ファイル本体そのものは残っているのです。

ファイル管理情報とファイルの実体の場所は異なる

　Windowsでファイルを削除すると、ファイルの置き場所が「ごみ箱」に変わります。ファイルそのものは「ごみ箱」の中にあるので、「ごみ箱」からドラッグすればかんたんに復活でききます。

　それでは、「ごみ箱」を空にして完全に削除した場合はどうでしょうか。一見、ごみ箱の中のファイルは消えたように見えますが、実はもとのファイルを復活させることは可能なのです。

　ディスクにはファイル管理情報を記録する領域があります。ファイル管理情報には、ファイルの名前や、ファイルが記録されている場所などの情報が書かれています。ファイルの名簿とか、住所録のようなものと考えるとわかりやすいでしょう。

　ファイル管理情報とファイルの実体は、ディスクの異なる場所に別々に記録されています。「ごみ箱」を空にしてファイルを“完全に”削除しても、消去されるのは当該ファイルに関するファイル管理情報だけです。表面上はファイルがなくなったように見えますが、ファイルの名簿から当該ファイルの記録が消されただけで、ファイルの本体は残ったままです。このため、ファイル復活ソフトを使えば復元することができます。ファイル復活ソフトは、フリー（無料）のものと有料のものがあり、誰でも入手が可能です。

それどころか、フォーマットしても復元できる

　「ごみ箱」を空にすると、削除した当該ファイルの部分だけファイル管理情報がまっさらになりますが、ディスクをフォーマットすると、ファイル管理情報の全体がまっさらに初期化されます。この場合もファイル本体は残ったままなので、ファイル復活ソフトを使えば、消えたように見えたファイルを復元することができます。

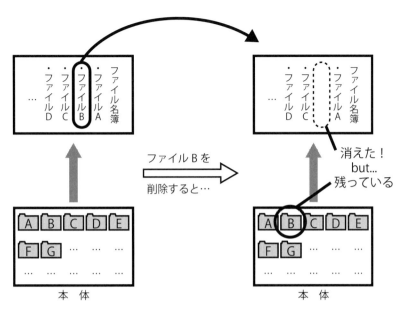

▲ ドライブ上でファイルを消すしくみ

🖱 削除したファイルを復元できなくするには？

　ここまでに説明したように、ファイルを"完全に"削除したあとや、フォーマットしたあとでも、ファイル本体は残っているので、削除したファイルを復元することはできます。しかしながら、別のファイルを新たに保存してしまうと、残っていた古いファイルの残骸の上に、新たに保存したファイルが上書きされます。こうなると、古いファイルを復元できる可能性はぐっと低くなります。

　ディスク全体にわたって無意味なデータを書き込む特別なソフトウェアを使うと、削除したファイルの残骸の上に目隠しとなるデータを上書きするので、もとのファイルを復元できる可能性をゼロに近づけることができます。これにより、重要なデータを保存していたパソコンを廃棄する場合などに、第三者にデータを復元されるリスクが大幅に低下します。

まとめ

- ● ファイル管理情報はファイルの名簿や住所録のようなもの
- ● ファイルを削除してもファイルの実体は残っているので、復元できてしまう
- ● 削除しても残っている古いファイルの残骸に、新しいファイルを上書きすると、古いファイルを復元できる可能性は低くなる

Chapter 5 ファイルがわかるとパソコンがもっとわかる

絵や写真をファイルに するしくみを知りたい！

パソコンは絵や写真をどのようなしくみで保存しているのでしょうか？ 実は 細かい網の目状のマス目に分け、マス目ごとに色の濃さを設定しています。

小さいマス目に分割して、色を測る

　パソコンで色を表現する場合、赤・緑・青の3色の配合の割合を変えることで、さまざまな色を作り出すことができます。たとえば、赤と青を混ぜると紫を作ることができます。赤・緑・青の3色を「光の三原色」といい、英語のRed、Green、Blueの頭文字を並べてRGBと呼びます。

　デジタルカメラには光を感じるセンサーが網の目状に配置されています。1つ1つのマス目をピクセルといいます。網の目が細かいほどピクセルの数が多くなり、その画像は精細になります。微細なタイルを敷き詰めて絵を作っているようなものです。

　画像の色は、ピクセルごとに色をRGBの3色に分解し、各色の濃さを計測して数値化します。RGB各色の強さ（濃さ）は、8ビット＝2の8乗＝256段階に分けて数値化されます。RGB各色について256段階の配合率が可能になるので、全部で256×256×

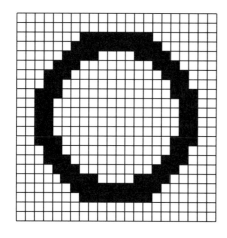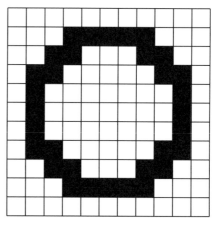

▲ 画像を構成するピクセルの数が増えるほど、精細な表現が可能となる

256＝16,777,216色を表現できる計算になります。人間が識別できるのはざっと1,000万色程度とされているので、これで実用上は十分です。

　ピクセルごとに数値化したRGBのデータをまとめてファイルにすると、ビットマップファイル（BMP）ができあがります。さらに、JPEG、GIF、PNGそれぞれの形式に従った圧縮を行ってファイルを作成します。実際に圧縮作業を行うのは、画像編集アプリやデジカメ本体です。

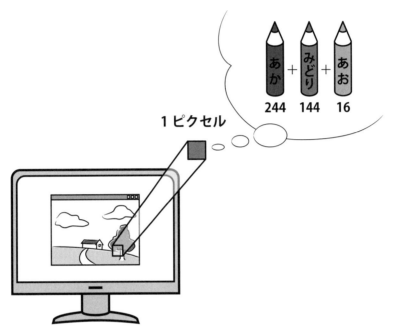

▲ ピクセルの色は、赤・緑・青それぞれ256段階の色を組み合わせて表現される

まとめ

- 絵や写真をピクセルと呼ばれる細かい網の目に分けて、各マス目ごとに色の濃淡を計測してデータ化する
- 網の目が細かいほどピクセルの数が多くなり、精細な画像になる
- RGB各色の濃さを256段階に分けて数値化すると、およそ1,670万色を表現できる
- ピクセルごとに数値化したRGBのデータをファイルにすると、BMPファイルができる
- JPEG、GIF、PNGなどの各画像はそれぞれの形式に従って圧縮されている

精細な画像ファイルはどこが違う？

写真画像によく使われる JPEG は、画像の細かい情報を省くなどの方法で圧縮しています。精細な画像にするには、圧縮率を控えめに調整します。

画像ファイルの圧縮率を調整する

　もとの画像ファイルがどれほど精細だとしても、ファイルとして保存する際に各ファイル形式の特徴を理解していないと、せっかくの精細さを損なうことになります。

　写真画像でよく使われる JPEG は、いろいろな圧縮方法を駆使してファイルのサイズを可能な限り小さくしています。人間の目には違いがわかりにくい情報を省略するという大胆な手法も使われています。省略した情報は取り戻せないため、圧縮前の画質を完全には復元できなくなります。このような圧縮方法を非可逆圧縮または不可逆圧縮といいます（P.147参照）。

　JPEG の圧縮は、画像を小さな正方形のブロックに区分けして処理します。各ブロック中の色の濃淡の変化が人間の目には見分けにくいほど微細である部分について、その情報を省略します。そのため、JPEG で圧縮すると画質が劣化しますが、目立たない劣化なので実際の使用上はあまり問題になりません。

　JPEG では圧縮率をうまく調整しないと、画質の劣化がはっきりとわかるようになってしまいます。圧縮率を極端に高く設定した場合、元画像から失われる情報も多くなるため、ファイルサイズは劇的に小さくなるものの、画像全体にモザイクをかけたような、べったりした画像になってしまうのです。

　逆に圧縮率を控えめにすると、失われる情報は少なくなるので元画像の品質を保つことができますが、ファイルサイズはあまり小さくなりません。それでも、無圧縮の BMP ファイルに比べればずっと小さくなります。つまり、JPEG で画像を精細なまま扱う場合は、圧縮率をなるべく控えめに設定すればよいのです。

　JPEG ではなく、可逆圧縮の PNG や無圧縮の BMP を使うと、元画像の品質を保つことができます。そのかわり、ファイルサイズが JPEG と比べて大きくなります。

　JPEG が非可逆圧縮をしているということは、圧縮するたびに元画像の細かい情報が失わ

れていくことになります。このため、画像編集→ファイル保存を複数回行うと、そのたびに画質が劣化してしまいます。可逆圧縮のPNGなら、このようなことは起こりません。何度も画像編集→ファイル保存を行う場合はPNGか、無圧縮のBMPを使うとよいでしょう。

JPEG 低圧縮

JPEG 高圧縮

▲ 同じ画像を JPEG の低圧縮（左）と高圧縮（右）で保存した例。高圧縮で保存した右の画像は、モザイクをかけたような粗さが目立つ

まとめ

- ●JPEGで圧縮率を高くすると、ファイルサイズは小さくなるが画質は劣化する
- ●JPEGで圧縮率を低くすると、ファイルサイズは大きくなるが画質の劣化は少ない
- ●BMPは無圧縮で、ファイルサイズは大きいが画質の劣化はない
- ●PNGは可逆圧縮で、JPEGよりファイルサイズは大きいが画質は精細になる

Chapter 5 ファイルがわかるとパソコンがもっとわかる

音楽をファイルに変換するしくみを知りたい！

音の信号をごく短い時間に区切って音の強さを測ることで数値化し、
デジタルデータに変換してファイルにします。この方法を PCM といいます。

アナログ音声をデジタルに変換

　音は切れ目なく、なめらかに、連続的に変化します。連続的に変化するデータをアナログデータといいます。パソコンで音楽を扱うには、アナログ量である音を2進数に数値化してデジタルデータにする必要があります。2進数は「0」または「1」の2とおりしかないので、なめらかに変化する音声データをデジタル化するには工夫が必要です。

　音を2進数のデータにするには、標本化（サンプリング）という手法が使われます。音の信号をごく短い時間に区切って、音の強さを測ることで数値化します。この技術はPCM（ピーシーエム＝Pulse Code Modulation）と呼ばれ、音をデジタルで扱うための基本的な手法です。

サンプリング周波数と量子化ビット数

　音の強さを1秒間に何回測るか、その測る回数をサンプリング周波数といいます。単位

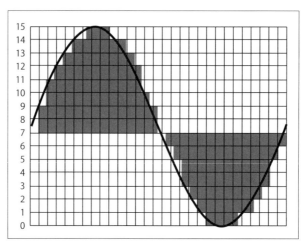

▲ サンプリングのイメージ。音の波＝sin 波のようななめらか
な曲線。その曲線を縦横に区切った方眼紙で捉える

はヘルツ（Hz）です。たとえば、サンプリング周波数が10ヘルツの場合は1秒に10回計測します。つまり、0.1秒ごとに計測することになります。サンプリング周波数が高いほど、高い周波数の音を記録できます。音楽CDでは、サンプリング周波数が44.1キロヘルツ＝44,100ヘルツなので、1/44,100秒＝約0.000023秒ごとに音の強さを測ります。

　音のデジタル化でもう1つ重要な要素として、音の強さを何段階の細かさに分けて測るかを示す量子化ビット数があります。量子化ビット数は2進数の桁数で表します。量子化ビット数が大きいほど、小さい音から大きい音までを細かく記録することができます。音楽CDでは量子化ビット数は16ビットです。16ビット＝2進数の桁数が16桁＝2の16乗＝65,536段階の細かさで計測します。

　サンプリング周波数が高いほど、量子化ビット数が大きいほど、原音に近い音質になりますが、そのぶんデータのサイズが大きくなり、パソコンでの処理に負担がかかります。そこで、人間の耳で聴き分けられる周波数の上限は20キロヘルツ程度であることを考慮し、データのサイズを無駄に大きくしない範囲で、できるだけ原音に近い音質を再現できるように、サンプリング周波数と量子化ビット数を設定して規格化しています。

音質が
いい！

◀ サンプリング周波数が高く、量子化ビット数が大きいほど、原音に近い高音質な音を楽しめる

まとめ

● 音はアナログ量であり、パソコンで扱うにはデジタル化する必要がある
● 1秒間に音の強さを測る回数をサンプリング周波数という
● 音の強さを何段階の細かさに分けて測るかを表す数値を量子化ビット数という
● サンプリング周波数が高いほど、量子化ビット数が大きいほど、原音に近い音質になる

Chapter
5
ファイルがわかるとパソコンがもっとわかる

ハイレゾ音源は
なぜ音質がいい？

高音質と話題のハイレゾ音源。ハイレゾ音源の音がいいのは、音を音楽CD
よりも微細に記録することで、原音に近づけた音源だからです。

ハイレゾとは？

　ハイレゾは高解像度（High Resolution）のことです。音の波形をデジタル化する際のしくみは通常のCDと同じです。違うのは、ハイレゾ音源の場合はCDよりも微細に記録する点です。その結果、ハイレゾ音源はより臨場感のある、なめらかで柔らかい音を再現できるとされています。音の波形は常になめらかに変化しています。波の形は高校の数学で習ったsin（サイン）カーブのような曲線です。この波を、時間の経過を横軸、音の強さを縦軸とする方眼紙のような網目で捉えることを考えてみます。もとの音の波を忠実に記録するためには、方眼紙のマス目をより小さく・細かくすればよいのです。

　通常の音楽CDでは、サンプリング周波数と量子化ビット数は44.1キロヘルツ/16ビットです。これに対してハイレゾ音源では、96キロヘルツ/24ビットや192キロヘルツ/24ビットといった細かさで音を記録します。96キロヘルツ/24ビットなら、1/96,000秒＝0.0000104秒ごとに、2の24乗＝16,777,216段階に分けて音の強さを計測します。同じ時間単位で比較すると、CDの550倍の情報量です。

　さらに高解像度の192キロヘルツ/24ビットで記録する場合は、1/192,000秒＝0.0000052秒ごとに、16,777,216段階に分けて音の強さを計測します。同じ時間単位で比較すると、CDのなんと1,110倍の情報量です。

ハイレゾ音源のファイル形式

　せっかくの高音質を損なわないために、ハイレゾ音源は無圧縮（非圧縮）のWAVE（WAV）形式や可逆圧縮のFLAC（フラック＝Free Lossless Audio Codec）形式のファイルで保存します。WAVE（WAV）ファイルはWindows標準の音楽ファイルです。もとのデータのまま圧縮処理をしないので、ハイレゾ音源の高音質を維持できます。macOSの無圧縮音楽ファイル形式はAIFFです。

　よく使われるMP3などの音楽ファイルでは、人間の耳では判別しにくい音の情報を非可逆圧縮によって省略することでファイルサイズを小さくしています。このため、音質を突き詰めたハイレゾ音源の再生には向いていません。

通常の音楽CD　　　　　　ハイレゾ音源

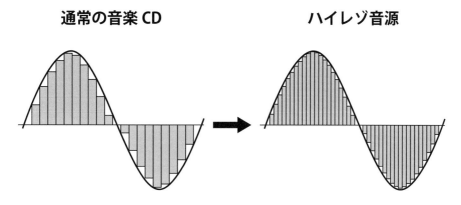

▲ハイレゾ音源は、音の波をより細かく計測することで原音再生に近づける

まとめ

- ●ハイレゾ音源では CD よりも高いサンプリング周波数と量子化ビット数で原音を微細に記録している
- ●ハイレゾ音源の音楽ファイルは、無圧縮の WAV や可逆圧縮の FLAC などを使う
- ●MP3 のような形式では高音質を損なうため、ハイレゾ音源の再生には向かない

Column

パソコンでハイレゾ音源を再生する

　パソコンでハイレゾ音源を高音質で再生するのに必要なものは、ハイレゾ音源を再生できるアプリケーション、ハイレゾ音源のデジタルデータをアナログデータに変換する DAC（ダック。USB 接続のものが多い）、音声を鳴らすスピーカー（とアンプ）またはヘッドフォン、以上の3つです。再生アプリについては、単にハイレゾ音源を音として鳴らせるだけでは音質の面で不十分です。音声が出力されるまでに Windows 内部で行われている何段階もの処理（ミキサー処理など）をバイパスして、高音質の生データのまま再生できるアプリを選びましょう。

Chapter
5

ファイルがわかるとパソコンがもっとわかる

12

動画をファイルにする しくみを知りたい！

動画ファイルの実体は、ごく短い時間ごとに撮影した静止画が連続したものです。これらを1つにまとめて動画ファイルにします。

1枚1枚の画像を高速に切り替えて表示

ものの動きは連続していますから、アナログ量です。動いているものを映像として記録するには、短い時間間隔ごとに写真を撮ります。たとえば、60分の1秒ごとにシャッターを切るようにして多数の写真を撮ります。

撮った写真の1枚1枚はただの静止画で、写っているものは動いていません。ところが、複数の写真を次々と切り替えながら表示すると、人間の目にはまるで動いているように見えます。

こうして撮影した1枚1枚の静止画をすべてファイルに収めれば、動画をファイルにすることができます。再生するときは、ファイルに収められた静止画を次々と切り替えながら画面に表示すればよいのです。

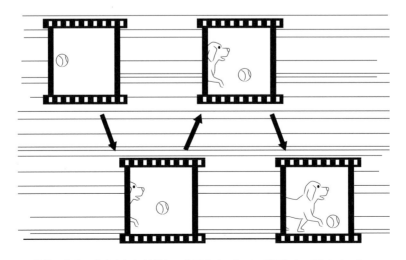

▲複数の静止画を次々と切り替えて表示することで、動画として見せている

動画の品質を左右するデータと圧縮形式

撮影した1枚1枚の静止画をフレーム、またはコマと呼びます。動画が1秒あたり何枚の静止画でできているかをfps（エフピーエス＝frames per second）という単位で表します。前ページの例では、1秒間に60回シャッターを切るので60fpsです。おおむね30fps以上あれば、なめらかな映像が再現できるとされています。12fps以下でははっきりとカクカクした動きになります。

解像度が高く、動きがなめらかで、かつ長時間の動画ファイルはサイズが極端に大きくなります。たとえば、解像度が1,280×720ピクセルで30fpsの動画を1分間撮ると、ざっと4.8ギガバイトにもなります。実際の動画ファイルには音声のデータも加わるので、ますます肥大化します。このままでは、1分間の映像を動画にするだけでDVDがいっぱいになってしまいます。

そこで、MPEGなどの圧縮形式が利用されます。動画の各フレームにおいて、連続する前後のフレーム間の違いはわずかです。動画中の何枚かのフレームについてはJPEG同様の手法で圧縮し、それ以外のフレームは、前後のフレーム間の違い（差分）だけを記録するようにします。この手法で、動画ファイルのサイズを100分の1にまで小さくすることができます。

ここは同じなので記録しない

動画ファイルでは、前後のフレーム間の違い（差分）だけを記録することでファイルサイズを圧縮している

まとめ

- 動画は、多数の静止画を高速に切り替え表示している
- 1秒間に何フレーム切り替え表示するかの単位をfpsといい、30fps以上あればなめらかに再生できる
- MPEGは前後のフレームの差分を記録することで、ファイルサイズを小さくしている

Chapter 5 ファイルがわかるとパソコンがもっとわかる

互換性

なぜWindowsとMacで 同じファイルが扱えるの？

Windows版とMac版の両方があるアプリは、最初からお互いに同じファイルを使えるように作られています。

大きく変わったパソコン間でのファイル転用事情

　かつてのWindowsとMacは、ユーザーに自陣営の優位性を印象付けるために独自の路線を歩んでいました。よく使われる画像ファイルでさえも異なる形式で、Windowsの画像ファイルをMacで読み込むのは（その逆も）大変なことでした。当時は、WindowsとMacの間でファイル形式を変換するワザが重宝されたものです。

　現在はインターネットが普及して、多くの人がパソコンやスマホを使う時代になりました。これに合わせて、JPEG画像やPDFファイルのような多くの人が使う一般的な形式のファイルが登場しています。Officeアプリのようにユーザー数が多いアプリでは、WindowsとMacで同じファイルを流用できます。パソコンとスマホの間で同じファイルを流用することも普通にできます。

　つまり、「なぜWindowsとMacで同じファイルが扱えるの？」という疑問への答えは、独自性を追求してライバルへの優位性を主張するよりも、ユーザーの利便性を優先する方針に変わったからなのです。

▲ パワーポイントのWindows版（左）とMac版（右）は対応するOSが異なるが、同じスライドのファイルを読み込んで、同じ結果を得ることができる

アプリのバージョンは揃える

マイクロソフトOfficeのように、Windows版とMac版が用意されているアプリは、最初から両者で同じファイルを扱えるように作られています。この場合、Windows版とMac版でバージョンを（なるべく最新に）揃えると、どちらで読み込んでもほぼ同じ結果が得られます。ファイル内で使うフォントや印刷で使うプリンターを統一しておけば、ほとんど微調整は不要です。

アプリのバージョンを揃えることができない場合は、ファイルを保存する際に旧バージョンのアプリのファイル形式で保存します。その際、旧バージョンにない機能を使っていると正しく保存されないので、調整が必要になります。

Chapter
5

ファイルがわかるとパソコンがもっとわかる

たとえば、最新版エクセルのファイルをエクセル2003など古いバージョンで使う場合は「Excel 97-2003 ブック」形式で保存する

まとめ

● インターネットの普及により、Windows、Mac、スマホなどで同じファイルを扱えるようになった
● Windows 版と Mac 版があるアプリは互いに同じファイルを読み込めるように作られている
● Windows と Mac でファイルを流用するにはアプリのバージョンを揃える

Column

同じアプリの異機種版がない場合

Windows 版のアプリで作成したファイルを Mac で使いたいけれど、同じアプリが Mac にインストールされていないこともあります。その場合は、該当のファイルを読み込める別のアプリを使います。たとえば、パワーポイントのファイルなら keynote で開くことができます。ただし、完全な互換性があるわけではないので、データの再現性がおかしい部分を再調整しましょう。

文字化けは
なぜ発生するの？

文字化けとは、コンピュータで文字が正しく表示・印刷されない状態です。
文字化けが発生する原因について考えます。

コンピュータは文字をどうやって扱っているのか？

　初期のパソコンで表示できる文字は、数字とアルファベットの大文字・小文字に加えて、
「@」や「!」、半角スペースなどのいくつかの記号くらいで、全部で128文字にも満たない数
でした。

　パソコンが文字を理解するとき、その意味や形や音ではなく、文字に割り当てられた番号
で理解します。たとえば、Aには10進法の「65」を割り当て、Bには「66」を割り当ててあ
ります。テキストファイルにABと書いてあるとき、人間はABと読みますが、パソコンは
文字の番号で「6566」という2つの数値の並びと解釈しています。この文字への番号割り当
てを文字コードと呼び、初期のパソコンで表示できた128文字への番号割り当てをASCII（ア
スキー＝情報交換用米国標準コード）といいます。

日本語では異なる種類の文字コードが使われてきた

　もし、「A」に標準の65番以外の番号を割り当てる文字コードができると、本来はAと表
示される部分が別の文字に置き換わってしまい、文字化けになります。アルファベットなど

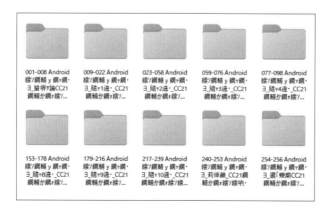

001-008 Android 檪ソ綱輳ｙ綱・ ヨ_螢堺ｧ論CC21 綱輳か綱ｧ綵ソ...	009-022 Android 檪ソ綱輳ｙ綱・ ヨ_賠ｲ1逮・CC21 綱輳か綱ｧ綵ソ...	023-058 Android 檪ソ綱輳ｙ綱・ ヨ_賠ｲ2逮・_CC21 綱輳か綱ｧ綵ソ...	059-076 Android 檪ソ綱輳ｙ綱・綱 ヨ_賠ｧ3逮・_CC21 綱輳か綱ｧ綵ソ...	077-098 Android 檪ソ綱輳ｙ綱ｧ綱・ ヨ_賠ｧ4逮・_CC21 綱輳か綱ｧ綵ソ...
153-178 Android 檪ソ綱輳ｙ綱・ ヨ_賠ｧ8逮・_CC21 綱輳か綱ｧ綵ソ...	179-216 Android 檪ソ綱輳ｙ綱ｧ綱・ ヨ_賠ｧ9逮・_CC21 綱輳か綱ｧ綵ソ...	217-239 Android 檪ソ綱輳ｙ綱・ ヨ_賠ｧ10逮・_CC21 綱輳か綱ｧ綵ソ...	240-253 Android 檪ソ綱輳ｙ綱・ ヨ_莉俳綵_CC21綱 綱輳か綱ｧ綵ｯ...	254-256 Android 檪ソ綱輳ｙ綱・綱 ヨ_遥「蜈廓CC21 綱輳か綱ｧ綵ソ...

◀ Mac で作成した圧縮ファ
イルを Windows で解凍
したら、フォルダー名が
文字化けした例

もっとも基本的な文字コードであるASCIIでは規格が統一されているので、文字コードの割り当てが原因の文字化けは起きませんが、日本語は事情が複雑です。漢字1つ1つに番号を割り振って文字コードを決めますが、異なる種類の文字コードが使われるようになり、なかなか統一されませんでした。現在では世界の言語に対応するUnicode（ユニコード）が世界標準となり、文字コードの違いによる問題は以前よりは減っています。

　日本語のWindowsでは、旧来からShift JIS（シフトJIS）という文字コードが使われてきました。このため、WindowsとMac間でファイルを転送するとファイル名が文字化けしたり、同じWindowsどうしでも、Unicodeで作成した文書をUnicode非対応のアプリで表示すると文字化けしたりします。また、一部（あるいはすべて）の機能が日本語に対応していないアプリもあります。その場合は、日本語では文字化けする機能を利用する際に、半角英数文字だけを使うしかありません。

　メールやテキストファイルの表示で文字コードが原因と思われる文字化けが発生する場合、検索サイトで「文字化け変換サービス」を検索してヒットしたサービスを利用すると改善する場合があります。また、アプリによっては表示する文字コードを変更できるものもあります。さらに、文字化けが発生するアプリを別のアプリで代替する方法もあります。たとえば、Microsoft EdgeでWebサイトの表示が文字化けする場合は、Google Chromeなど他のブラウザを使うと改善する場合があります。

🖱 フォントがない場合も文字化けや文字抜けが起きる

　パソコンはフォントをもとに文字を表示します。特別なフォントや標準的でないフォント、たとえば絵文字や特殊な記号などを使う場合、パソコンにそのフォントがないと文字化けや文字抜けが起こります。これを回避するには、足りないフォントをインストールする、そのフォントがある別のパソコンを使うなど、個別の対策が必要です。

ま と め

- ●文字化けとは、本来表示されるはずの文字と異なる文字が表示されることである
- ●コンピュータは文字の意味や形ではなく、文字の番号で文字を取り扱っている
- ●文字の番号割り当てを文字コードといい、文字コードが異なると文字化けの原因になる
- ●パソコンにフォントがなかったり異なっていたりすると、文字化けの原因になる

Chapter **5** ファイルがわかるとパソコンがもっとわかる

音のよい DSD とは？

　P.160 〜 161 で解説した「サンプリング周波数を高くし、量子化ビット数を増やす」という方法とは異なる考え方による、別の高音質の再生方法があります。それが「DSD（ディエスディ =Direct Stream Digital）」という方式です。DSD では、量子化ビット数は 1 ビットです。つまり、音が出ているかいないかの、オンかオフ 2 とおりのデータで記録されています。そのため、DSD のことを「1 ビットオーディオ」と呼ぶこともあります。

　DSD のサンプリング周波数は 2.8 メガヘルツ（MHz）です。ハイレゾ音源の 192 キロヘルツの 15 倍の細かさです。DSD には、サンプリング周波数 5.6 メガヘルツ、11.2 メガヘルツのものもあり、それだけ短い時間に区切って音を計測します。瞬間ともいえる短時間の間隔で音のオンオフを計測することで、音の波形の粗密を記録することができるのです。

　DSD は SACD（スーパーオーディオ CD）でも使われている技術です。パソコンでの DSD の扱いには、対応したアプリや機器が必要です。2023 年現在、DSD の利用は少しずつ増えていますが、まだまだ一般的ではありません

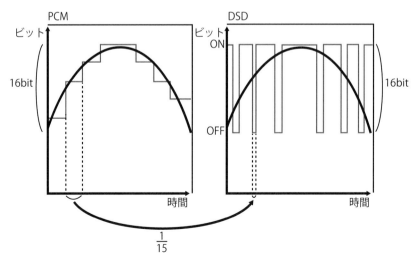

▲DSD では、PCM とは異なり、オンとオフの 2 とおりで記録する

6

いつも使っている
インターネットのしくみ

Index

インターネットは
どんなネットワーク？

インターネットは地球規模のネットワークです。メール、Web、SNS、
ネット通販、ネットバンク……全部インターネット上のサービスです。

🖱 全世界をつなぐネットワーク

　家庭内のパソコンをつないだネットワーク。会社、学校、公共機関、その他あらゆる場所
で作られたネットワーク。これらすべてのネットワークがケーブルや電波でつながって大き
なネットワークとなり、その大きなネットワークがさらにつながって、もっと大きなネット
ワークになり、ついには地球規模でのコンピュータネットワークを作っている……。

　ネットワークのネットワークのネットワーク……インターネット上で地球規模で情報を共
有するしくみWWW（ダブリュダブリュダブリュ＝World Wide Web）は、個々のネッ
トワークをクモの巣になぞらえて名付けられたもので、インターネットの代名詞的な機能と
なっています。

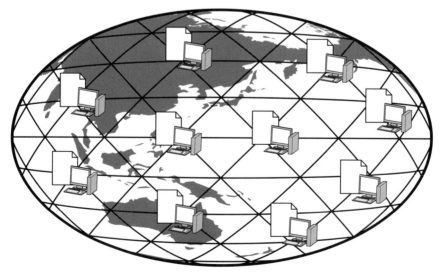

▲インターネットは全世界のコンピュータをつなぐネットワーク

誰もが膨大な情報を得ることができ、情報を世界に発信できる場

　現実の世界でどこかへ行こうとする場合、自分で道を作る必要はなく、すでに作られている道を行けばよいでしょう。その道をどこまでも歩いて行く人もいれば、駅から電車に乗る人もいるでしょうし、空港から飛行機に乗る人もいるでしょう。交通網をうまく利用すれば、どこへでも行くことができます。

　インターネットは交通網に似ています。交通網は人が行き交いますが、インターネット内を行き交うものは情報、つまりデータです。情報は2進数で表すことができるので、結局は「1」か「0」、あるいはオンかオフかの信号がケーブルや電波を利用して行き交っているのです。自分のパソコンやスマホをインターネットにつなぐと、世界中のどこかのサーバー内にあるデータを見ることができます。たとえば、YouTubeが提供しているサーバー内には動画がたくさんあります。ユーザーはインターネットにつなぐことで、YouTubeのサーバーから自分のパソコンやスマホまでデータを送ってもらうことができます。

　もう1つ、インターネットにつなぐとできることがあります。同じくYouTubeを例にすると、自分のパソコンで作った動画をYouTubeのサーバーに送り出すこと（アップロード、またはアップ）ができるのです。アップされた動画はインターネットにつないでいる世界中の誰かに見てもらえます。こうしてYouTubeには無数の動画が蓄積され、より多くの人がYouTubeの動画を見るようになります。結果としてYouTubeに人気が集まり、YouTubeは広告収入などで大きな利益を得るようになります。

　インターネットには公的なもの、私的なもの、企業運営のもの、商業的なもの、非営利のものなど、とてもここには書き切れないほどの種類のサーバーがあり、現在も新たなサービスが開発されています。もはや、インターネットなしでは回らないほど、現代の世界にとってインターネットは不可欠な存在となっているのです。

Chapter
6
いつも使っているインターネットのしくみ

まとめ

- ●インターネットは世界をつなぐネットワークである
- ●WWWはインターネットをクモの巣になぞらえて名付けられたもの
- ●インターネットでは誰もが世界中から情報を受け取ることができ、誰もが世界中に情報を発信する立場になれる
- ●インターネット上ではさまざまなサービスが提供されており、さらに新しいサービスが開発されている

インターネットに接続するには何が必要？

自宅でインターネットを利用するには、コンピュータ、インターネット回線、そしてプロバイダへの申し込みが必要です。

● ●

インターネット回線を用意する

　自宅のパソコンでインターネットを利用するには、通信をやり取りするためのインターネット回線が必要です。高速・大容量の通信サービスをブロードバンドといいます。

　光回線は高速で安定した通信環境で、インターネット回線の主流として利用されています。光回線は下り方向（インターネット→パソコン）のみならず、上り方向（パソコン→インターネット）も同程度に高速で、動画を投稿する場合でも快適です。利用料金はほかの回線に比べて高めで、光ファイバーを屋内へ引き込む工事が必要です。

　ADSL（エーディーエスエル）は固定電話回線を利用した高速通信です。料金が安いので一時は利用者が増えましたが、光回線が主流の現在、遅くとも2024年でのサービス終了が発表されるなど、使われなくなりつつあります。

　ケーブルテレビ（CATV）を契約すると、インターネット回線も利用できる場合があります。通信速度は業者によって異なり、サービスが提供されている地域でのみ利用できます。

　スマホや携帯電話のモバイル回線網を利用する高速無線通信には、LTE、4G、5G、WiMAXなどがあります。ホームルーター、モバイルルーター、Wi-Fiルーターなどと呼ばれる機器を用意すれば、モバイル回線でインターネットに接続できます。スマホと同じようにSIMカードが使えるタブレットなどは、直接インターネットに接続できます。5G対応の地域では、とくに高速なインターネット利用が可能です。なお、モバイル回線は設置工事が不要ですが、接続が安定しない時もあり、実際の通信速度は光回線に比べて見劣りします。また、サービス業者によってはデータ通信の通信量に上限がある場合もあります。

　Wi-Fi（ワイファイ）は駅や電車内、飲食店などいろいろな施設で使える無線LANです。一般に使われているWi-Fiと内容は同じで、駅や飲食店などが利用者サービスとしてWi-Fi無線LANを提供しています。その場でしか接続サービスを受けることはできません。利用料はサービス提供元の方針次第で、無料で提供されているものも多数あります。

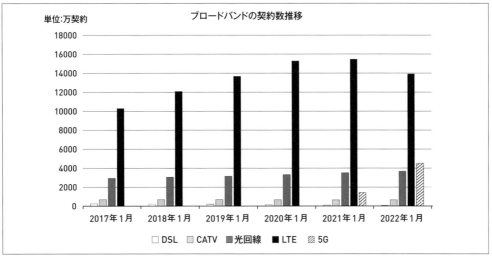

単位:万契約

ブロードバンドの契約数推移

□ DSL　□ CATV　■ 光回線　■ LTE　▨ 5G

▲ 固定系ブロードバンドサービス・LTE・5G の契約数の推移（総務省 電気通信サービスの契約数及びシェアに関する四半期データの公表 令和 4 年第 1 四半期より）

プロバイダと契約する

インターネットという大海に漕ぎ出すには、IP アドレスと呼ばれる「インターネット上の住所」の割り当てを受けることが必要です。IP アドレスはプロバイダと契約を結ぶことで割り当ててもらえます。

プロバイダはインターネットへの接続サービスを提供する業者です。プロバイダは回線とセットである場合が多く、回線の準備が完了すればインターネットが使えることがほとんどです。ここまで来れば、手元のパソコンからルーターなどを経由してインターネットに接続し、インターネットの大海に漕ぎ出すことができます。

まとめ

● インターネット回線とプロバイダの申し込みが必要

● 回線の種別には「光回線」「ケーブルテレビ」「高速無線通信」「Wi-Fi」がある

● 光回線がもっとも高速で安定した通信環境だが、料金は高めである

● 携帯電話のデータ回線を利用した高速無線通信（モバイル回線）のユーザーも増えている

● 駅や飲食店などで使える Wi-Fi は、サービスとして一般の無線 LAN が提供されている

Wi-Fiはどういう しくみでつながるの？

Wi-Fi は電波で情報を伝達します。電波は波をモデルとして考えます。
難しい数学を使わない範囲で、電波について考えてみましょう

電波は波である

電波を使ってテレビやラジオの番組を放送できるのですから、応用すれば、電波でデータ
を伝達することができます。それがどういうことか、考えてみましょう。ケーブルがつながっ
ていないのに、なぜデータをやり取りできるのでしょうか？

Wi-Fiは電波を使ってデータを伝送します。電波は目には見えませんが、「波のようなもの」
と考えるとわかりやすいでしょう。静かな水面に石を投げ入れると、その地点を中心に円形
の波が広がっていきます。電波は空間を伝わる波で、電磁波の一種です。

実際の波をモデルに考えてみましょう。柱に結んだロープの片端を持って上下に振ると、
ロープがうねって、横から見ると波の形になります。高校の数学で習ったsin（サイン）、
cos（コサイン）の波の形です。波はsinやcosを使うと数式で表すことができるのです。

ロープをゆらせて作った波で、離れたところにいる人にメッセージを使えるにはどうした
らよいでしょう？ ここではデジタルデータを伝えたいので、「0」と「1」の2種類の情報を
伝える方法を考えてみてください。

波で情報を伝える方法を考えてみよう

さて、どんな方法が考えられたでしょうか？ いくつか例をあげます。

①ロープを小さく振ったら「0」、大きく振ったら「1」にする

②ロープをゆっくり振ったら「0」、速く振ったら「1」にする

③強さと速さは同じで、ロープを下から振ったら「0」、上から振ったら「1」にする

①ロープを小さく振ったら「0」、大きく振ったら「1」

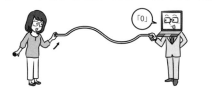

②ロープをゆっくり振ったら「0」、早く振ったら「1」

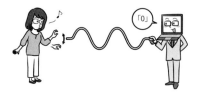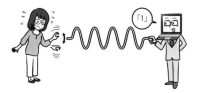

③ロープを下から振ったら「0」、上から振ったら「1」

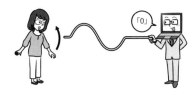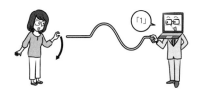

▲ ロープを使った「0」と「1」の伝え方の例

　①の方法では、小さな波と大きな波の2種類で「0」か「1」かを伝えます。実際の電波に当てはめると、電波の強さの弱い／強いの違いで「0」か「1」かを表すことになるでしょう。

　②の方法では、波の山と谷の数が少ない／多いの2種類で「0」か「1」かを伝えます。実際の電波に当てはめると、電波の周波数の低い／高いの区別で「0」か「1」かを表すことになるでしょう。

　③の方法では、2種類の波の形は同じなので、どちらかの波形を平行移動すれば重なります。この状態を「波の位相がずれている」といいます。位相のずれは目や耳で感じとりにくいのですが、この方法でも「0」か「1」かを表すことができます。

　どうでしょうか。ロープを手でゆらして波形を作り、0と1の2種類の情報を伝えるという思考実験でした。波をゆらす方向を垂直方向にする／水平方向にするの違いを利用するなど、ほかにもさまざまな方法が考えられます。

　以上、あまりにも基本的な考え方ですが、こういった考え方を突き進めて高度化した技術がWi-Fiにも使われています。

Chapter 6

いつも使っているインターネットのしくみ

1つの電波で複数の相手と情報伝達できるのはなぜ？

　喫茶店や駅の待合室にいる人たちがWi-Fiを共用するのは、よく見かける光景です。有線LANなら、それぞれの人がLANコードをつなげばよいのでわかりやすいですが、電波の場合はどんなしくみでつなげるのでしょうか？　ここでも、目に見える現象をモデルに考えてみます。

　将棋の名人が1人で複数の人を相手に将棋を指す催しを「多面指し」といいます。多面指しをするには、名人を囲むように複数の人が並びます。名人は目の前にいる相手に対して一手を打ちます。次に、名人はその隣の人の前に移動し、相手を変えて一手を打ちます。名人は一度に1人の相手としか対戦していませんが、一手ごとに相手を次々に変えることで、見かけ上は複数の人を相手に将棋を指していることになります。

　Wi-Fiで1つの電波を使って複数の人がインターネットに接続する場合も、1人ぶんのデータを伝送するたびに、データをやり取りするユーザーを次々に入れ替えていけばよいのです。この場合、1人のユーザーのデータが電波に乗っている間、ほかのユーザーは待っているだけですが、待ち時間が短かければ問題はありません。インターネットではデータは小分けにして送られるので、複数のユーザーが次々に入れ替われば、あまり待たせずにデータをやり取りできます。

▲複数の人が同じWi-Fiを利用するのは、将棋の多面指しに似ている

ユーザーの要求に応える高速化の手法はいろいろある

Wi-Fiの便利さは日々追求されています。一例として、映画やドラマを高画質で見るにはかなりの高速性が求められます。パソコンやスマホだけでなく、身の回りのあらゆる家電製品がインターネットにつながること、つまり膨大な数の機器を接続できる能力も求められます。データを送ったらすぐに相手に届く即時性も求められます。

本稿の終わりに、Wi-Fiの高速化について考えてみます。Wi-Fiを高速化する手段の1つとして、複数のアンテナを使ってデータを送信するMIMO（Multiple-Input and Multiple-Output：マイモ）という手法があります。MIMOではデジタルデータを分割して、複数のアンテナを使って送信します。受信側にも複数のアンテナが用意されていて、それぞれで受信されたデータは、数学の連立方程式を解く原理でもとのデータに戻されます。つまり、2本のアンテナを使えば2倍の速さになるわけです。

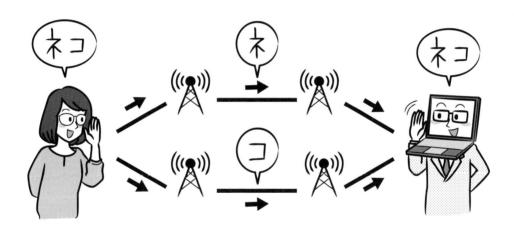

▲Wi-Fi を高速化する MIMO のしくみ

まとめ

- ●Wi-Fi は電波を使ってデータを伝えている
- ●単純な振動、音、光にも、電波と同様の波としての特徴がある
- ●波の変化によって、いろいろな情報を伝えることができる
- ●短時間で相手を入れ替える手法を使えば、複数の人が Wi-Fi でインターネットを使える
- ●MIMO は複数のアンテナを使って高速にデータを送受信する手法である

Chapter
6
いつも使っているインターネットのしくみ

04

メールアドレスには
どんな意味がある？

メールアドレスはインターネット上の郵便の宛先です。メールアドレスは
世界に1つだけしかないため、確実にメールを届けることができます。

世界に1つだけのメールアドレス

メールアドレスはインターネット上の郵便の宛先です。メールアドレスは「aaaa@bbbb.ne.jp」のような形式になっています。

「@」は「アット」と発音します。英語の「at」ですね。会計の単価記号としても使われていましたが、1990年代からメールアドレスのアカウント名（@の左側）とドメイン名（@の右側）を分けるのに使われるようになりました。つまり、「aaaa@bbbb.ne.jp」を例にとると、「aaaa」がアカウント名、「bbbb.ne.jp」がドメイン名です。

@の左はアカウント名、@の右は所属するドメイン名

@の左はアカウント名（ユーザー名）で、ユーザーが決めるものです。会社や学校では管理者によって割り振られる場合もあります。

@の右はユーザーが所属するドメイン名です。ユーザーが利用するメールサーバーを提供している会社やグループなどが、どんな集団であるかによって決まります。たとえば、Google社が提供するGmailのユーザーのドメイン名はgmail.comです。

メールアドレスを読む練習をしてみましょう。たとえば、seito123@example.ac.jpというアドレスの場合、@の右側を見るとexample.ac.jpですから、exampleというグループが運営しているメールサーバーを使っているユーザーであることがわかります。acは所属する組織種別が教育関連、学校であることを表し、jpは日本を表しています。まとめると、「日本のexampleという教育関連の機関が運営しているサーバー名がドメイン名」というわけです。@の左はseito123なので、アカウント名またはユーザー名はseito123さんだということがわかります。

組織種別には学校などの教育組織を表すac（academic）のほか、財団法人のor（organization）、企業・営利法人のco（commercial）、ネットワーク関連組織のne（network）

などがあります。なお、gmail.comのcomはトップレベルドメインとも呼ばれ、国際的な商業組織であることを示しています。

▲ メールアドレスの各部分には、上記のような意味がある

まとめ

● メールアドレスのうち、@ の左側がアカウント名、@ の右側がドメイン名である

● ドメイン名はメールサーバーを特定する名前である

● ドメイン名の「ne」はネットワーク関連組織、「co」は企業（営利法人）、「or」は財団法人、「ac」は学校などの教育組織を表す

● ドメイン名の末尾は国別を表す。「jp」は日本を表している

● 末尾が国別でないドメインもある。たとえば、「com」は商業組織用のドメインである

Column

メールサーバーの都合で迷惑メールにされてしまう？

これまでメールのやり取りをしていた相手からのメールが、ある日を境に届かなくなったり、こちらから送ったメールが届かなくなったりすることがあります。あちこち探してみると、迷惑メールフォルダーの中に発見されてびっくり……。メールサーバーを提供するプロバイダのセキュリティ設定に変更があると、まれにこうしたトラブルも起こります。迷惑メールフォルダーの見方を調べておきましょう。

Chapter 6

いつも使っているインターネットのしくみ

メールサーバーには
どんな役割がある？

メールサーバーにはメールの送信や受信、メールの保管などを行う役割が
あります。それぞれ別の種類のサーバーを使います。

SMTPでメールを送る

メールを送るのはSMTPサーバーです。SMTP（エスエムティピー＝ Simple Mail
Transfer Protocol）とは、メールを送るときにサーバー間で取り交わされる手順の取り決
め（プロトコル）のことです。ユーザーがメールを送ろうとすると、SMTPサーバーがこの
取り決めに従って送信手続きを行います。

メールの受信はPOP

次に、メールの受信について考えてみましょう。メールサーバーからメールを取り込むと
きのプロトコルはPOP（ポップ＝ Post Office Protocol）で、使われるサーバーはPOP3サー
バーです。番号の3はバージョン番号です。SMTPサーバーとPOP3サーバーの名前が同じ
場合もあります。相手から送られてきたメールは、いったんPOP3サーバー内に保管されま
す。このPOP3サーバーは、受信者が契約しているプロバイダ内にあります。

メールの受信者がメールソフトで受信の操作を行うと、POP3サーバーから受信者のパソ
コンにメールが取り込まれます。POPでは、どのメールを読んだかはサーバー側に記録さ
れないので、別のパソコンやスマホでメールを受信する場合、利用する機器ごとにメールの
既読／未読情報が変わってしまうという難点があります。

Column

メールサーバーと連携するサービス

多くの場合、プロバイダが提供するメールサーバーはメールの送受信のほか、ウ
イルススキャン、迷惑メールの自動分類、メールの転送、メールマガジンの配信な
ど、便利なサービスが用意されています。

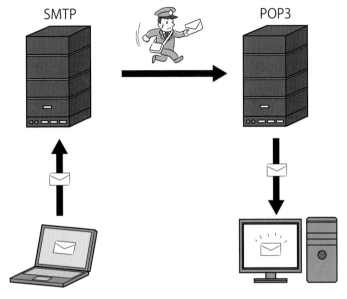

SMTP　　　　　　　　　　　　　　　　POP3

▲ メールが送受信される流れ。SMTP サーバーから送信されたメールが宛先の POP3 サーバー
に届き、相手のパソコンが受信する

受信したいメールを指定できるIMAP

　IMAP（アイマップ＝ Internet Message Access Protocol）は、メールを保管している
サーバーから受信者のパソコンにメールを取り込むときのプロトコルです。受信したいメー
ルだけを選択して取り込むことができるのが特徴です。Gmailなどの Web メールサービス
をはじめとして、多くのメールサービスでIMAPの利用が主流になっています。

　POPと似ていますが、POPでは新着メール全部を受信者のパソコンに取り込むのに対し
て、IMAPは指定したメールだけを取り込みます。どのメールを読んだかはサーバー側に記
録されているので、パソコンやスマホなど複数の機器で受信する場合でも、読んだメールと
読んでないメールの区別が受信する機器ごとに変わることがありません。

まとめ

● メールの送信で使うサーバーを SMTP サーバーという
● メールの受信は POP または IMAP で行うが、最近は IMAP がよく使われている
● POP は新着メール全部を取り込むのに対して、IMAP は指定したメールだけを
　取り込む

Chapter
6
いつも使っているインターネットのしくみ

06

メールはどのくらいの容量のファイルを送っていいの？

明確なルールはありませんが、目安として2メガバイトを超えるようなファイルは、メール以外の方法で送ることを検討しましょう。

大きなファイルを送ると相手に迷惑をかけることがある

　相手がこまめにメールをチェックしなかったり、読んだメールをサーバーに残す設定にしていたりすると、相手側のメールサーバーの空き容量が減っていきます。この状態で容量が大きいファイルをメールで送ると、相手がメールを受信できなくなる場合があります。

　メールサーバーは多くの人が共用しているので、大容量のメールを送って相手のメールサーバーが容量オーバーになると、メールサーバーに過重な負担がかかり、相手の人ばかりでなく無関係の他のユーザーにも迷惑をかける場合があります。また、大容量の添付ファイルはウイルスではないかと、相手を不安にさせる可能性もあります。

　そんなことを考えると、目安として、容量が2メガバイトを超えるファイルはメール以外の方法で送ることを検討したほうがよいでしょう。あるいは、メールのサイズを小さくすることを考えます。すぐに思いつくのはZipファイルへの圧縮ですが、対象のファイルにより圧縮効果がある場合とない場合とがあります。たとえば、動画や画像はもともと圧縮された形式のもの

▲ たとえばスーツケースに限界まで物を入れてしまうと、もう何も入らない

が多く、Zipファイルに圧縮してもサイズはあまり小さくなりません。可能な策としては、画質を損なわない範囲で縦横のサイズを小さくしましょう。BMP形式やPNG形式の画像ファイルはJPEG形式で保存し直すと、画質は少し落ちますが、ファイルサイズが小さくなる場合があります。

大きなファイルを送る方法

インターネット上にはファイルを相手に転送するWebサービスがあります。メールで送れない大容量のファイルをダイレクトで転送できる、転送したファイルを相手がダウンロードしたか確認できるなど、便利な機能が利用できるサービスもあります。

①ファイル転送サービスを利用する

ファイル転送サービスでは、数百ギガバイトの巨大ファイルでも高速で転送できます。たとえば、GigaFile便（ギガファイルびん）ではユーザー登録をしなくても、無料で1つ300ギガバイトまでのファイルを転送できます。まず、ファイルをGigaFile便のWebサイトにアップロードすると、ファイルをダウンロードするURLが表示されます。そのURLをメールで相手に知らせて、あとは相手がダウンロードするのを待つだけです。

②クラウドストレージを利用する

OneDrive、GoogleDrive、Dropboxなどのクラウドストレージも便利です。たとえば、Dropboxでは送るファイルをDropbox内のどこかのフォルダーにコピーし、ファイルを右クリックして「共有」を選び、共有リンクを設定します。この共有リンクを相手にメールで知らせると、相手はファイルをダウンロードできます。ファイルを送る相手がDropboxのアカウントを持っていなくても大丈夫です。

まとめ

- ●大きなファイルはメールサーバーに負担をかけたり、ウイルスではないかと相手を不安にさせたりする
- ●許容範囲内で画質を調整するなど、ファイルのサイズを小さくするのもよい
- ●2メガバイトを超えるようなメールはメール以外の方法で送るほうがよい
- ●容量が大きいファイルを送るときは、ファイル転送サービスやクラウドストレージを利用すると便利である

HTMLメールは
使わない方がいいの？

HTMLメールとは何なのか、なぜHTMLメールを使わないほうがよいと
されているのかを確認しましょう。

HTMLメールとは？

もともと、メールは文字だけのシンプルなテキストメールが基本でした。メールにはもう1つの形式、HTMLメールがあります。HTMLはHyper Text Markup Languageの略で、Webページを表示するための言語のことです。HTMLメールはHTMLタグを利用して、文字の大きさや色を指定したり、画像や動画を配置するなどして、Webページと同じような見え方にすることができます。

HTMLメールには「視覚に訴える印象的なメールを送れる」「画像を使うことで、文字だけでは伝えにくい情報を伝えられる」「Webページへ誘導するリンクを設置できる」などのメリットがあります。実際、通販サイトやネットバンクなどから送られてくる宣伝のメールは、その多くがHTMLメールです。

▲ テキストメール（左）はプレーンなテキストのみ、HTMLメール（右）は文字を修飾したり、絵や写真を配置したりできる

HTMLメールを使わないほうがよいとされる理由

インターネットの初期、メールといえばテキストメールが中心でした。文字だけで用件を伝えられるなら、シンプルなテキストメールのほうが効率的とされていました。その後、HTMLメールも使われるようになりましたが、一部のメールソフトや携帯電話などでHTMLメールの表示が崩れたり、そもそもHTMLメールに対応していない場合がありました。

HTMLメールはさまざまな情報や画像ファイルを含むため、テキストメールよりデータのサイズが大きく、つまり「重く」なります。派手なHTMLメールが増えれば、それを中継するメールサーバーや受信するパソコンに負担がかかります。インターネット上に流れている大量の迷惑メールが問題になっているのに、さらに負担が増えるわけです。

また、HTMLメール内に不正なWebサイトなどのリンクが貼り付けられることで、ウイルスに感染したり、フィッシング詐欺の被害に遭ったりするリスクが高くなるとされてきました。セキュリティ技術の向上で、HTMLメールがただちに危険というわけではないのですが、仕事でのメールではHTMLメールが歓迎されない傾向はあります。そもそも、仕事で使うパソコンやスマホではHTMLメールを受信しない設定にしている人もいます。

仕事のやり取りではテキスト形式のメールを使うのが無難

自分が送信するメールは、テキストメールを基本にしましょう。普段からHTMLメールでやり取りしている相手ならHTMLメールのままでよいかもしれませんが、仕事ではテキストメールを使うのが無難です。

なお、「自分ではテキストメールを使っていると思っていたが、HTMLメールを使う設定になっていた」ということもあり得ます。自分が使っているメールソフトでは、初期状態でどちらの形式に設定されているのか、現在の設定はどちらになっているのかを確認しておきましょう。

Chapter **6**

いつも使っているインターネットのしくみ

まとめ

- もともとテキストメールが基本だったが、最近は HTML メールも増えている
- HTML メールは文字の大きさや色を指定したり、画像や動画を使える利点がある
- 仕事のやり取りでは HTML メールではなく、テキストメールを使うのが無難である
- HTML メールはテキストメールよりメールの容量が大きくなり、「重く」なる

08

Webサイトの URL には どんな意味がある？

URL は Web サイトの住所のようなものです。その Web サイトがインターネット上のどこにあるのか、場所を特定するための文字列です。

インターネット上のどこにあるのかを表す URL

　URL（ユーアールエル＝ Uniform Resource Locater) は、Webブラウザのアドレスバーで見られる「http:// ～」で始まる文字列です。2015年、GoogleがWebページの検索において、URLがhttps://で始まるページを優先することを表明したため、https://のURLも増えています。httpsはHypertext Transfer Protocol Secureの略で、httpと比べてセキュリティ性が強化されていることを示します。https://のページは通信内容を暗号化して、盗聴を防ぎます。

　URLはWebサイトのアドレス（住所）と呼ばれることもあります。WebブラウザのURL入力欄にURLの文字列を入力すると、そのURLで指定された場所にあるWebサイトが表示されます。Googleなどの検索で見つからないWebサイトでも、URLがわかっていればWebブラウザに表示することができます。

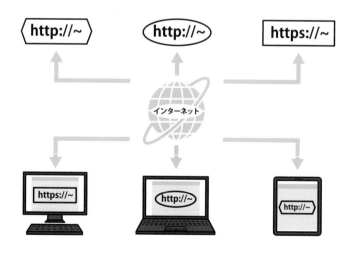

▲URL はインターネット上の住所のようなものだ

URLを読み解く

「http://www.example.com/news.html」を例に、URL がどのようなルールで記述されているか見てみましょう。

冒頭の「http://」は、「ここから URL が始まる」という目印です。HTTP の取り決め（HTTP プロトコル）に従って Web ページの内容が送られてくることを表します。「www」はこの Web サイトのデータを送り出しているサーバーに付けられているホスト名です。ホスト名は、ドメイン内のサーバーを区別するための名前のようなものです。多くの場合「www」というホスト名ですが、「www2」とか、それ以外のホスト名が使われていることもあります。

その次の「example.com」は、Web サーバーを特定するためのドメイン名です。「www.example.com」は「example.com というドメインの www という Web サーバー」という意味です。「com」の部分は組織種別といって、Web サーバーがどんな組織で運用されているかを示し、「com」は「commercial：商業組織」を表します。

最後の「news.html」は Web ページのファイル名です。ドメイン名より右の部分は大文字と小文字の区別があります。「/news.html」の「/」の意味は、この「news.html」という名前のファイルが、Web サーバーのルートディレクトリ（最上位の階層のディレクトリ）にあることを示しています。ディレクトリは、Windows のフォルダーと同じようなものと考えてよいでしょう。

▲ URL は上記のような構成をとり、各部分に意味がある

まとめ

● URL はインターネット上の住所のようなもので、「アドレス」と呼ばれることもある
● Web ブラウザで URL を入力すると、その URL の Web サイトが表示される
● URL はホスト名＋ドメイン名＋ファイル名でできている
● ドメイン名は Web サーバーを特定する名前である

Chapter 6

いつも使っているインターネットのしくみ

話題の SNS とは？

SNS はインターネットを利用している人どうしで交流を楽しむサービスです。
さまざまな形態のサービスがあり、たいていは無料で利用できます。

インターネットを利用して他人とのつながりを広げる場

　人と人は、趣味、嗜好、仕事、出身地、出身校、居住地など、さまざまな面でつながりがあるものです。とはいえ、現実の世界では交流できる人の数は限られています。インターネットを使えば多くの人（できれば趣味が同じなど、何かしらの共通項がある人）と情報を共有し、いろいろなことを教え合えるのです。他人とのつながりを広げ、あわよくば多くの人に認められたい…。これは人間の基本的な欲求なのでしょう。

　インターネットは何十億人という人が利用しています。実際には会わずとも、インターネット上の出会いや紹介で人とのつながりを広げるツールとなり、その場を具体的に提供するサービスがSNS（エスエヌエス＝ Social Networking Service）です。ちなみに、SNSは日本独自の言い方で、海外では「social media」が使われます。

　実生活では時間や移動距離の制約があって、人間関係を広げにくいかもしれません。多くの人と知り合い、人間関係を広げていくことこそがSNSの魅力でもあります。

◀ SNS を利用すれば、多くの
人と交流できる

利用者自身が育てる世界

SNSのサイトは一般的なWebサイトと同じしくみで作られていますが、ユーザーごとに別々の内容が表示されるという違いがあります。利用者ごとに興味関心は違うし、友だちも人付き合いも違います。SNSに表示されているのは、利用者自身の好みや生き方、考え方を映し出した鏡のような世界だといえるでしょう。

SNSを上手に使うために

SNSは便利で楽しいサービスですが、個人情報が無防備にあふれています。このため、ユーザーの個人情報が詐欺などに悪用される可能性もあります。たとえプロフィールで個人情報を非公開にしていたとしても、「友だち」を通じて個人情報が漏れるかもしれません。SNSを利用している限り、どこかで何らかの形で個人情報をばらまいているものなのです。最悪の状況を考えていては行動できませんが、少なくとも、自分の個人情報や投稿の公開範囲をどのくらいまで許すか考えて利用しましょう。

SNSはネットで知り合った他人とのつながりを築くツールですが、それは文字づらや写真などによる、いわば表面的な付き合いです。実際に会って相手の反応を見ながら会話するのとは違って相手の表情が見えにくいため、考えすぎ、勘違い、誤解、感情の行き違いなどが起こりがちです。相手を中傷する内容でなくても、普通のことを気軽に投稿したつもりが反感を買ってしまい、いわゆる「炎上」を招くこともあります。

SNSは負の面も指摘されています。感情の行き違いなどから、SNSへの参加が精神的な負担になることもあります。SNSにのめり込み過ぎて日常生活に支障が出る、現実の人付き合いがおろそかになる、などの事例もあります。特徴を理解して上手に利用しましょう。

Chapter

6

いつも使っているインターネットのしくみ

まとめ

- ●SNSはインターネットで人とのつながりを広げるサービスである
- ●SNSのサイトに表示されているのは、利用者が育てた世界である
- ●SNSは個人情報や投稿を公開する範囲に注意して参加するのが望ましい
- ●気楽に投稿できるのがSNSのよい点だが、トラブルの原因になる可能性があることに留意する

10

LINEはどんな SNS ？

LINE は身内やグループ内の限られた人どうしで、メッセージ、音声、写真、動画などをやり取りして楽しむサービスです。

メールよりも使われている LINE

LINE（ライン）は身内やグループなど、特定の限られた人どうしでメッセージをやり取りするのが基本です。ユーザー数はきわめて多く、とくに日本のユーザー数は 2022 年時点で 9,200 万人（全日本人の 45%）にもなります。「連絡にはメールよりも LINE を使うことが多い」という人も少なくありません。

新型コロナウイルス感染症の対策で一部市町村ほか各種団体でのワクチン接種の予約システムとして使われるなど、社会インフラとしての役割も果たしています。

▲ LINE は特定の限られた人どうしでメッセージをやり取りする SNS。
通常の対話のほか、写真、動画、スタンプが使えて、通話も可能

　メッセージはトークルームという場を使って、リアルタイムでやり取りできます。トークルームは連絡を取りたい相手やグループごとに作ることができ、メッセージを送ると、トークルーム内の参加者全員が読むことができます。メッセージのやり取りはトークルームごとに分かれて行われるので、メールよりも話の流れが整理しやすく、現在の相手とのやり取りに集中できます。文字以外にも、音声や写真、動画をやり取りすることができ、スタンプと呼ばれる画像を使って、気持ちを視覚的に伝えることもできます。

　LINEはスマートフォンでの利用が前提ですが、パソコンでも公式サイトからアプリをインストールすれば利用できます。コミュニケーションの相手は、スマートフォンに登録した連絡先から追加したり、家族や知人・友人のほか、実際に面識のある人を招待したり、相手と対面して登録します。LINEは実名での参加が原則のフェイスブックと違い、ニックネームでも利用できます。

無料通話をはじめとして便利なサービスも充実

　LINEはユーザー間で電話のように通話をしたり、スマホやパソコンのカメラ・マイクを利用してビデオ通話をすることもできます。この通話はインターネット回線を利用して行われるため、電話会社への通話料はかかりません。

　LINE関連のサービスはほかにもいろいろあります。代表例として、LINEマンガ、LINEゲーム、LINEミュージックがあり、無料でもかなり楽しめます。本格的に楽しむなら定額料金 (サブスクリプション) を支払いましょう。

　LINEのアカウントとは、LINEで連絡できる人または団体のことです。LINEのアカウントの中には、各界の著名人、ブランド、テレビ番組などの公式のアカウントがあります。たとえば、自分が好きなアーティストの公式アカウントをフォローすることで、新曲やコンサート情報、日常のエピソードなどの最新情報を得ることができます。

　また、企業や店舗のLINE公式アカウントで友だち登録すると、新製品の発売やキャンペーンなどの情報が定期的に配信されたり、友だち限定のサービスや割引クーポンが提供されるなどの特典を受けられます。

まとめ

- 日本では、グループ内でメッセージをやり取りする LINE がとくに人気がある
- LINE はメールにはない便利さがあり、密度の濃い連絡を取るのに適している
- LINE は無料通話、気持ちを伝えるスタンプ、さまざまな公式アカウントなど、便利なサービスが使える

ツイッターはどんな SNS ？

**ツイッターは主に全角 140 文字までの短文でやり取りする SNS です。
この特徴がツイッターの SNS としての個性に表れています。**

● ● ● ● ● ● ● ● ● ● ● ● ● ● ● ● ●

140文字までの短文で今を発信する、リアルタイムなライブ感

　ツイッターの語源は、英語のTwitter（つぶやき、さえずり）が由来です。ツイッターはいま自分がやっていること、考えたこと、見たこと、聞いたことなどを、全角で140文字までの短文で投稿します。思いついたらその場ですぐに投稿するスタイルが基本で、現在は画像や動画の投稿も可能になりましたが、短文の投稿が中心である点は変わりません（日本ではまだ実施されていませんが、140文字の制限を緩和する方針が発表されています）。

　ほかのSNSに比べて、ツイッターへの参加は自由度が高いことも特長です。ニックネー

▲ツイッターは思いついたことを全角140文字までの短文にして投稿する SNS。手軽さが魅力だが、反社会的な投稿が問題になることも多い

ムでの参加が可能で、1人で複数のアカウントを持つこともできます。また、「アメリカの大統領をフォローして、リアルタイムでつぶやきを追いかける」というように、現実には出会うことがないような著名人とも比較的かんたんにつながることができます。

情報の拡散力が強く影響力が大きい

ツイッターのメディアとしての価値は、大量のつぶやきが集まることです。ツイッターのつぶやきは凝った文章にするよりも、リアルタイム性を優先するユーザーが多いためか、つぶやきの速さと数の多さとが目立ちます。

ツイッターでは、何かが起きたときにその場に居合わせた人が、その瞬間に感じたことを発言（ツイート）します。多くの人が自由にツイートすることで、さっき起きたことに関する発言の数が急激に増え、ツイッターの画面に流れていきます。それを読んだ人が、もとのツイートを引用しつつ、同意または反対意見を添えて発言（リツイート）します。これが次々に連鎖していくことで、先の情報に関するツイートの数が爆発的に増えていき、多数の人の意見を読むことができます。

このように、ツイッターの投稿は情報の拡散力が強く、いま世間に広まっている生の情報をキャッチするには最適のメディアです。実際、地震や水害など災害時の安否確認、情報収集、情報提供などでツイッターは有効に活用されています。

瞬間的な反応で炎上騒ぎも起きやすい

ツイッターは社会への影響が非常に大きいSNSです。気軽につぶやけるツイッターの負の面として、うそ情報やデマ、他人への攻撃、調子に乗りすぎた悪ふざけ、犯罪の自慢などのつぶやきが社会問題となることがあります。

しばしば、このような問題のあるつぶやきに批判のリツイートが殺到し、いわゆる「炎上」することもあります。炎上するとますます感情的なツイートが増え、過激なやり取りで収拾がつかなくなります。ネット上のコミュニケーション全般に共通することですが、モラルと節度のある投稿をすること、熱くなったら冷静に戻ることを心がける必要があります。

まとめ

- ●ツイッターは 140 文字までの短文で、今見ていること、思ったことなどを発信する
- ●ツイッターは情報の拡散力が強いので、世間で話題になっている生の声を得やすい
- ●ツイッターはデマやうそ情報も流れやすく、炎上も起こりやすい

Chapter **6** いつも使っているインターネットのしくみ

フェイスブックはどんな SNS ？

フェイスブックはユーザー数が世界最多の SNS です。匿名でも参加できるツイッターと違い、フェイスブックは実名での参加が原則です。

🖱 現実の友人や知人との交流を深める

　フェイスブック（Facebook）の起源は、2004年、ハーバード大学の学生だったマーク・ザッカーバーグ氏が作成した学内の交流サイトです。日本では2008年からサービスが開始されました。2023年現在、フェイスブックは世界最多のユーザー数をほこる SNS です。多くの人に知らせたいことがあるときや、何かおもしろいものを探しているときなど、ユーザー数が多いことは利点となります。

▲フェイスブックは実名での参加が基本の SNS。知らない人との交流も可能だが、現実の友人や知人を友だち登録する割合が高い

大きな特徴は実名での参加とグループ機能

　フェイスブックの最大の特徴は、実名での参加が原則であることです。実際に会ったことがある人や、現実の生活での知人を友だちに登録することも多く、発端となる投稿へのコメントの数が多めになる傾向があり、長文の投稿・コメントもよく見かけます。

　もう1つの特徴がグループ機能です。フェイスブックでは趣味、仕事、出身校、出身地など、何らかの共通項を持つ人々で作られるグループに参加し、活発な交流ができます。

個人情報の公開範囲の設定は確認が必須

　フェイスブックは任意で登録する個人プロフィールの項目が多いことも特徴です。個人プロフィールに登録できる住所、出身地、学歴、仕事、趣味など、よりプライベートな項目をヒントに検索することで、自分に近い属性の人との新しい人間関係を広げることができます。また、子供のころの友人、学生時代の同級生や恩師、過去の職場の同僚など、しばらく会っていない人との交流を再開できる可能性もあります。

　細かい個人情報を登録できるということは、個人情報が流出した場合の影響が大きいという一面もあります。フェイスブックでは、個人情報を公開する範囲の設定を確認することは必須です。

「いいね！」で満たされる承認欲求

　フェイスブックの「いいね！」は、自分の投稿を読んだ人が気に入ったらクリックしてもらうボタンで、人間の承認欲求を満たすシステムです。同様のしくみはほかのSNSにもありますが、実名登録が原則のフェイスブックの「いいね！」は自分を知っている人が押すということで、より価値が高いといえます。

　承認欲求が満たされる快感には副作用もあります。「いいね！」をもらえる・もらえないが過剰に気になってSNS依存症になるユーザーが増えていることが問題になっています。

ま と め

- ●フェイスブックは世界最大の SNS で、実名での登録が原則である
- ●フェイスブックは実名登録が原則だからこそ、深みのある交流がなされている
- ●フェイスブックは登録できる個人情報が多く、公開する範囲の設定を確認することは必須である
- ●グループ機能を使って同じ趣味の人と活発に交流できるのも魅力である

Chapter 6
いつも使っているインターネットのしくみ

13

クラウドって何？

クラウドとは、インターネットを雲にたとえた言葉です。インターネット上のコンピュータ群にデータ処理を任せる運用法のことを指します。

処理の主役はクラウド側のコンピュータ

　利用者の手元にあるパソコン内で処理を完結するのではなく、データの処理をインターネット側の強力なコンピュータ群に任せ、個々のパソコンは処理してもらった結果を表示するだけ、という運用の形態をクラウドサービス、または単にクラウドと呼んでいます。クラウド (Cloud) は「雲」という意味の英単語です。

　クラウドサービスの提供者はさまざまな便利機能を実現するサービスを開発し、インターネットを介してユーザーに提供しています。利用者としては、自身で特別な設備投資をしなくても、インターネット上にある強力なコンピュータ群が提供するサービスを、必要なときに必要なぶんだけ利用できます。これは、コストと手間の削減につながります。実際、多くのクラウドサービスの利用料はそれほど高額ではありません。無料で利用できるのは限定的な機能だけで、有料プランではすべての機能を利用できる、という形態のサービスもあります。

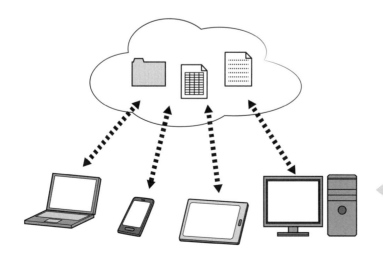

◀ クラウドサービスを利用すると、データの保管や処理をインターネット上のコンピュータに任せることができる

クラウドのメリット

　クラウドサービスは従来のWebサービスやWebアプリを含んだサービスであり、さらに一般化・大型化したサービスだと考えることができます。一般に、インターネットにつなぐことができれば、クラウドサービスはどんな機器からでも利用できます。あまり高性能でないパソコンでも使えます。スマートフォンなど、いろいろな機器からもサービスを使うことができます。また、インターネットに接続できれば利用場所を問わないので、外出先で利用することもできます。

　一般のアプリの場合、パソコンを買い替えたらアプリを再インストールする必要があります。クラウドの場合、アプリはインターネット上で稼働しているので、パソコンを買い替えた場合でも、クラウドサービスにログインすれば以前の環境のままに使えます。クラウドサービスによっては、サービスを効率的に利用するために専用アプリのインストールが必要な場合もありますが、小さなアプリなので手間はかかりません。

　アプリを手持ちのパソコンにインストールする必要がないということは、その分、パソコン本体のハードディスク・SSDの記憶容量が小さくてもよいことになります。また、アプリのアップデートやバージョンアップにかかる手間も少なくなります。アップデートが手軽ということは、セキュリティ面での安全性を高めます。

データの共有に威力を発揮

　クラウドサービスを利用すると、同じデータを別の場所から編集することができ、別のパソコンやスマートフォンから編集することもできます。個人でのデータ活用だけでなく、複数の人とのデータ共有もかんたんになります。共有のメンバーは、誰でも最新の編集状態にあるデータを利用できるようになります。

まとめ

- ●クラウドはインターネット上のコンピュータに処理を任せる運用法である
- ●クラウドを利用する際は、手持ちのパソコンはそれほど高性能でなくてもよい
- ●クラウドの利用によって、パソコンの運用にかかる時間とコストを削減できる
- ●アプリのアップデートが手軽なので、セキュリティ面での安全性が高まる
- ●クラウドを利用するとデータの共有に威力を発揮する

14 クラウドサービスにはどんな種類がある?

データの保管場所の提供、ユーザーのデータの処理&表示、サービス提供元が保有するデータの配信、この3つがクラウドの主なサービスです。

ユーザーのデータの保管場所として使う

クラウドサービスでもっともよく使われるのは、データをクラウドに預けて保管場所として利用するサービスです。ただ預けるだけではなく、ファイルの編集作業をすることもでき、複数人で共有することもできます。ファイルのバックアップ用途として使うこともできます。この種のサービスをクラウドストレージ、あるいはオンラインストレージと呼ぶこともあります。ストレージとはデータを保存する記憶装置のことです。パソコン本体のストレージとは別に、インターネット上にストレージを持つことができるというわけです。

代表的なクラウドストレージにはDropbox、Googleドライブ、OneDrive、iCloudなどがあります。無料でも数ギガバイト、有料のサービスを申し込めばテラバイト単位のストレージを利用することができます。

▲ データをクラウド上に預けて、Webブラウザ経由で操作できるクラウドストレージサービス「Googleドライブ（https://drive.google.com）」

ユーザーのデータを処理して表示する

このタイプのクラウドサービスはデータを保管する機能もありますが、主目的はWeb上で稼働するアプリで処理したデータの活用にあります。

代表的なのが、メールサービスの「Gmail」です。Gmailは無料利用でもメールの保存容

量が15ギガバイトと大きく、メールの検索が高速で、迷惑メールの検出率が高いのがよいところです。「Office Online」はワード、エクセル、パワーポイントなど、マイクロソフトのOfficeアプリがWebブラウザ上で使えます。

▲ Web ブラウザからメールのやり取りができるオンラインメールサービス「Gmail（https://mail.google.com）」

サービス提供元が保有しているデータを配信する

クラウド上で提供されるデータを受け取って利用する、というタイプのサービスです。地図サービスの「Googleマップ」、電車の乗換案内・時刻表・運行情報が調べられる「Yahoo!路線情報」、定額聴き放題の音楽配信サービス「Amazonミュージック」や動画配信の「Netflix」など、このジャンルにも多数のサービスがあります。

オンライン地図サービス「Google マップ（https://www.google.co.jp/maps）」

まとめ

- Google ドライブや OneDrive など、ユーザーが保有するデータを預けるストレージサービス
- Gmail や Offfice Online など、ユーザーが入力・作成したデータを処理・活用するサービス
- 動画配信や地図サービスなど、サービス提供元のデータを利用するサービス

クラウド

15

クラウドに保存したデータはどこにある？

クラウドサービスに保存したメールや文書ファイルなどのデータは、
クラウドサービスの提供元が運用するサーバーの記憶装置内にあります。

それはインターネットのどこかにある

　クラウドに保存したデータは、たしかに自分が保存したデータではあるものの、手元にデータのコピーがない場合は存在感が希薄です。現物はどこに保存されているのでしょう？

　クラウドに保存したファイルは、もちろんクラウド内にありますが、もっと具体的には、クラウドサービスの提供元が運用するサーバーの記憶装置内にあります。おそらくは、異なる場所にある複数のサーバーに分散して保存されているでしょう。

　たとえば、Googleの場合は北米だけでなく、南米、アジア、ヨーロッパの各国にもデータセンターがあるそうです。日本にもデータセンターがあるようです。自分のデータがどこに保存されているか特定するのは困難ですが、意外にすぐ近くにあるのかもしれません。

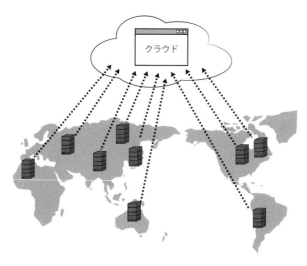

▲ 複数の拠点にサーバーがあり、それらがクラウドという1つのサービスとして成り立っている

リンクでファイルの保存場所を共有する

　クラウドに保存したファイルについて、実際にある場所を特定することは困難です。しかし、インターネット上でのありかに関しては、ファイルの共有リンクを取得することで特定できます。他人とファイルを共有する際は、そのファイルの共有リンクをメールなどで相手に知らせることで共有できます。この方法でファイルを共有すると、それぞれのユーザーが別の場所で共有設定したファイルを開いたり、編集したりすることも可能です。

　また、ファイルの公開範囲を「自分だけ」から「特定の誰か」や「誰にでも公開」など何段階かに分けて設定することで、ファイルを複数人で共有することができます。たとえば、予定表のカレンダーをグループで共有するなどです。

　ファイルの公開範囲が設定できることは便利ですが、誤操作でユーザーの意図しない公開範囲に設定してしまうこともあり得るため、十分に注意する必要があります。クラウドサービスによっては、「誰にでも公開」が初期設定になっている可能性もあります。プライベートな写真が誰にでも見られる状態になっていて個人情報が流出した、などという事例をニュースで見かけます。とくに、スマートフォンのような狭い画面でタッチ操作する場合、誤操作で意図しない公開範囲の設定になってしまうことが、（注意していても）起こりがちです。

　公開範囲の話が出たついでに、もう1つ。クラウドサービスを利用すると、「サービス事業者がユーザーのデータを利用することに、ユーザーが同意した」とみなされる可能性があるので、事前に利用規約や利用許諾契約をよく確認しましょう。

　クラウドサービスにデータを預けるということは、自分の目が届かない場所にデータが保管されるということでもあります。本来ならば、リスクについての検討が必要です。クラウドサービスを利用する際は、サービスの内容をよく理解した上で利用するよう心がけましょう。

ま と め

- クラウドに保存したデータは、サービス提供元が運用するいずれかのサーバーの記憶装置内にある
- クラウドに保存したデータは、どこかのデータセンター内に保存されているが、具体的な場所を特定するのは難しい
- インターネット上でのデータのありかは、ファイルの共有リンクを取得することで特定できる

Chapter **6**

いつも使っているインターネットのしくみ

職場でテレワークをするにはどうする？

テレワークは Tele（離れて）と Work（仕事）を組み合わせた造語です。職場から離れた場所で仕事をすることで、インターネットが不可欠となります。

テレワークをするために必要なもの

テレワークを働く場所で分類すると、自宅で働く在宅勤務、移動中の乗り物内や出先の施設で働くモバイル勤務、本拠地以外の施設（レンタルスペース、コワーキングスペースなど）で働くサテライトオフィス勤務があります。また、午前または午後だけ在宅で勤務するなど、時間による分け方もあります。同じ在宅でも、オフィスから遠く離れた場所に移住したり、遠隔地から就職して働いたりといった分類もできます。

つまり、テレワークといってもさまざまな働き方があり、その分類によって微妙に状況が異なり、最適な機器やソフトウェアが変わってくる可能性が大きいのです。

テレワークをするために必要なものは、勤務先ですべて貸し出してくれる場合はそれを使えばOKでしょう。自分で用意する場合は、パソコンなどの機材一式、ソフトウェア、インターネット回線が必要です。もちろん、仕事をするスペースは家の中を整理するなど、なんとかしてひねり出す必要があります。

パソコンは複数のアプリを同時に使うことを前提に選びたい

パソコンはデスクトップ、ノートパソコン、タブレットのどれでも使えます。快適に仕事をするためにはある程度の広い画面が必要なので、タブレットの場合でも最低10インチ程度は必要です。

どのタイプのパソコンにするかは、前述のテレワークの場所や時間の分類によります。いずれの場合でも、音声が拾えるマイク、音が出せるスピーカー、イヤフォン（またはヘッドフォン、ヘッドセット）、ビデオ撮影ができるカメラなど、Web会議用（ビデオ会議、TV会議）の機材が必要です。これらがパソコンに搭載されている場合は、それを使えばよいでしょう。

テレワークではWeb会議をしながらエクセルやパワーポイント、ブラウザなど他のアプリを操作する場面がよくあります。テレワークでは複数のアプリを同時に使う場面が多いの

です。会議に参加したとき、自分のパソコンがほかの参加者の足を引っ張ることがないよう、メモリの容量は最低でも8ギガバイト、CPUはCore i5以上が望ましいです。

ソフトウェアその1〜Web会議はアプリで行う

　オフィスでの仕事と大きく異なるのが、テレワークではWeb会議があることです。Web会議は専用のアプリを使って行います。勤務先や取引先で使っているアプリに合わせて、同じものをインストールします。Microsoft TeamsやZoomなどがよく使われます。これらのアプリではWeb会議中に別のアプリの画面を共有したり、チャットをすることもできます。

　会議中にまごつくことがないよう、Web会議用アプリの操作方法をあらかじめ確認しておきましょう。まず、会議全体の音声のボリュームを調整できるようにしておきます。次に、自分の声の大きさの調節方法です。自分のパソコンのカメラをオン／オフする方法も確認しておきましょう。文字で発言するチャット機能も使えるようにしておきましょう。

▲Web会議用アプリの操作方法をあらかじめ確認しておかないと、会議の参加者に迷惑をかけるかも？

ソフトウェア2～仕事の打ち合わせやスケジュール管理はメンバーと共有する

　オフィスで仕事をするときは、ちょっとした打ち合わせならその場でできますが、テレワーク中はそうはいきません。オフィスにいるときのように、「自分の考えが相手になんとなく伝わる」ということは起こらないのです。何かの疑問点なり、意見なり、アイデアなり、思いついたら文字や画像で他のメンバーに公開して情報を共有します。

　コミュニケーションをとるためのアプリも必要です。メールのほかにビジネスチャットツールが便利です。チャット (chat) は「おしゃべり」という意味の英単語で、ビジネスチャットツールは主に文字で会話をするアプリです。LINEのトークルームのビジネス版というイメージで、小規模の事業所ならLINEを使うのもありでしょう。ビジネスチャットはメールほど堅苦しくない、1つの話題について複数人と会話ができる、話の流れが整理しやすい、などの利点があります。会話は文字として記録されるので、何かの発言に対して言った／言わないの問題が起こりにくく、話の流れがメンバー全体に伝わるので効率のよい打ち合わせができます。Microsoft TeamsやSlackなどのアプリがよく使われます。

　スケジュールについてもメンバー全体での情報共有が大切です。スケジュール管理はテレワーク以前から使っているアプリ・サービスが使えます。たとえば、OutlookやGoogleカレンダーなどがあります。テレワーク中は自分以外のメンバーがどこで何をしているかわからないので、スケジュールの共有は重要です。

　このほかに、ファイル共有や共同作業についても、テレワーク以前から使っているアプリ・サービスを使えます。Microsoft TeamsやOneDriveなどがあります。

▲テレワーク中もメンバー間でスケジュールを共有することは重要である

インターネット回線は可能な範囲で高速なものを

テレワークを開始する以前から自宅にインターネット回線がある場合は、それを使えばよいでしょう。これから回線を用意するなら光回線でもよいですが、固定回線を使わないという選択肢もあります。プロバイダと契約して、Wi-Fiルーター、ホームルーター、モバイルルーターなどと呼ばれる機器（プロバイダによって名称が異なる）を家に設置するだけで、工事なしでモバイル回線が使えるようになります。このうち、モバイルルーターは外に持ち出して使えるように充電式になっています。

SIMカードが使えるノートパソコンやタブレットでは、直接モバイル回線につなぐこともできます。SIMカードやモバイルルーターで使う電波は、スマホのデータ通信と同じモバイル回線網です。このため、5G対応の地域ではとくに高速なインターネット利用が可能です。

使用中のスマホでテザリング機能が使えるなら、もっと手軽にパソコンをインターネットにつなぐことができます。テザリング（tethering）は「ひもや縄でつなぐ」という意味の英単語です。スマホの電波を利用するので、すぐに使えて便利ですが、ホームルーターなどに比べるとスマホのアンテナ性能は弱く、速度の面ではあまり期待はできません。また、スマホの契約プランによってはデータ通信量の上限が問題になります。

喫茶店やコワーキングスペースなどでテレワークができるなら、そこで提供されているフリー Wi-Fiサービスを使うことも可能です。その施設へ行かないと利用できませんが、無料で使えるケースが多いのでお得です。ただし、セキュリティ上の理由により、勤務先でフリーWi-Fiの利用を禁止している場合はそれに従う必要があります。

なお、いうまでもありませんが、勤務先からモバイル回線用のルーターを貸与される場合はそれを使うことになります。

ま と め

- テレワークにもいろいろな形態があり、必要なものは微妙に異なる
- パソコンは複数のアプリを同時に使うことを前提として、CPU の種類やメモリの容量を決める
- テレワークでは Web 会議、ビジネスチャット、スケジュール管理など、コミュニケーションをアプリを使って行う
- Web 会議をするならマイクとスピーカー（イヤフォンなども可）が必要
- ネット回線を追加するならホームルーターやモバイルルーターが手軽

Chapter

6

いつも使っているインターネットのしくみ

テレワークの開始後に改善できることは？

とりあえず開始したテレワークの質を高めるための方策をいくつか紹介します。一部は、テレワークに限らず効果があるかもしれません。

Web会議の質を高めるために〜カメラ編

最低限の準備でテレワークを始める場合、ノートパソコンやタブレットに付属しているカメラでもWeb会議はできます。しかし、画質の点で見劣りする場合もあるので、より高画質のカメラを別に用意することもできます。明るく映るカメラを使うと、相手への印象がよくなります。オートフォーカスの反応が速いカメラを使うと、現物の資料を提示するときに相手に伝えやすくなります。

カメラを外付けにすると、カメラの位置や撮影の角度も自由に変更できます。その場合は、自分の目線に気を使いましょう。Web会議中に顔がカメラの方を向いていないと、他のメンバーからはそっぽを向いているように見え、悪い印象を与えてしまう可能性があります。

なお、物理的にレンズを閉じることができるシャッターが付いたカメラを使うと、会議後も部屋の映像を外部に送り続けていたなどのうっかりミスを防止できます。

▲Web会議の質を高めるなら外付けのカメラの導入が効果的。写真はサンワサプライ「CMS-V53BK」

マイク、ヘッドセット、スピーカーを吟味してWeb会議の品質を上げる

　パソコン付属のマイクではなく、外付けの高性能なマイクの購入を検討するのもよいでしょう。Web会議でこちらの声をクリアに送るには、なるべく自分の口元にマイクを置くと効果的です。外付けマイクなら置き場所の自由度が高まります。マイクには、どの方向からの音をよく捉えるかという指向性の違いがあります。自分だけの声を拾えばよいのなら、単一指向性のマイクがおすすめです。複数人の声を拾う必要があるならば、無指向性のマイクを使います。音量を手元で操作できるマイクは便利です。

　ヘッドセットを使うと、周りが多少騒がしくても会議の音声をクリアに聞き取ることができます。マイクも口元にあるので、自分の声がクリアに伝わります。ヘッドセットには無線接続タイプと有線接続タイプがあり、無線接続タイプはケーブルから解放されて快適ですが、Bluetooth接続のタイプは、電子レンジの電波と干渉してときどき接続が切れることがあります。なお、ヘッドセットは暑い日に耳が蒸れることを気にする人もいます。

　ノートパソコンやタブレットに内蔵のスピーカーは、Web会議などで相手の声が聞きづらいことがあります。そのような場合は外付けスピーカーを使いましょう。Bluetooth接続タイプでも有線接続タイプでもよいですが、Bluetooth接続タイプは音の途切れや遅延が気になる場合もあります。無線でも有線でも接続できるタイプなら安心です。

　Web会議用として売られているスピーカーはマイクもセットになっていることが多く、周囲のノイズを減らして音をクリアにしたり、ボタンを押すだけでこちらの音声をミュートすることができたり、音量を調整しやすいなど、いろいろな便利機能がついた製品があります。音質のよいパソコン用スピーカーはいろいろあるので、そのようなスピーカーをつなげばWeb会議で便利なだけでなく、テレワークの息抜きに映画やドラマのネット配信などを鑑賞するときにも有効に使えます。

◀ ヘッドセットはヘッドホン（イヤホン）とマイクがセットになった機器。写真はサンワサプライ「MM-HSU09BK」

Chapter
6
いつも使っているインターネットのしくみ

マルチディスプレイにして作業効率を上げる

　テレワーク中は複数のアプリを起動し、複数のウインドウを開く場面が多々あります。ウインドウを切り替えたり、仮想デスクトップを使ったりするのもよいのですが、操作に慣れないとWeb会議の相手にもどかしい思いをさせる可能性もあります。

　一番効果的な対策は、パソコンに複数のディスプレイをつなぐマルチディスプレイにすることです。広い画面領域で複数のウインドウを迷いなく行き来できます。USB Type-CまたはThunderboltによる接続が可能で、かつ映像出力に対応しているパソコンとディスプレイを使えば、細いケーブル1本でディスプレイの電源と映像信号をまかなうことができます。薄くて軽いモバイルディスプレイなら、置き場所もそれほど必要としません。

 ## スタンディングデスクは気分転換にもよい

　座りっぱなしで仕事を続けるのは健康的でなく、よいアイデアが出にくくなるかもしれません。時間を決めて運動するほか、立った姿勢で使うスタンディングデスクを導入するのもよいでしょう。

 ## ポモドーロ・テクニックで時間の効率化

　テレワークで一番難しいのは、実は自分自身の管理かもしれません。とくに難しいのが、集中力を維持して仕事をするために時間をどう管理するかです。

　いろいろな解決策がありますが、ここで紹介するポモドーロ・テクニックはとてもシンプルです。たとえば、30分集中して仕事をしたら5分休憩するという時間配分を1サイクルとして、これを繰り返して仕事を進めるというワザです。

　Windows 11に付属する「クロック」アプリの「フォーカスセッション」で作業の時間と休憩時間を設定すると、ポモドーロ・テクニックのタイマーとして使うことができます。「クロック」アプリには音楽ストリーミングサービスのSpotifyと連携する機能もあるので、音楽に合わせて運動したらしばらく休憩する、といった使い方もできます（Spotifyのアカウントが必要）。Windows 10の場合は、Microsoft Storeの「アプリ設定」で「アプリ更新」をオンにしておくと使えるようになります。

 ## アプリの使い方に習熟する＆ショートカットキーを覚える

　Web会議でリアルタイムに会話が進行する中、アプリの操作にとまどっていると、参加者に迷惑をかける可能性があります。そうならないためにどうするか。これだけで1冊の本

になるテーマですが、まずアプリの使い方に慣れることが必要です。がんばりましょう。

　別の方向からの提案として、ショートカットキーの活用があります。ショートカットキーとは、操作の近道となるキーの組み合わせのことです。よく使う操作のショートカットキーを覚えれば、マウスでメニューをたどるよりも素早くアプリを操作できます。

　ショートカットキーはアプリごとにいろいろあります。データを保存する際に Ctrl キーと S キーを同時に押すのは、多くのアプリで共通のショートカットキーです。ここでは一例として、Web会議アプリのZoomでよく使われるショートカットキーを紹介します。

●ミュート／ミュート解除　Alt ＋ A

　自分の声を出す／出さないを切り替えます。家族の声など、部屋のノイズを消すこともできます。Aはオーディオ（Audio）の頭文字です。

●ビデオ開始／停止　Alt ＋ V

　カメラのオン／オフを切り替えます。Vはビデオ（Video）の頭文字です。

●手を挙げる／手を下げる　Alt ＋ Y

　参加者が挙手ボタンを押すと、主催者に挙手したことが伝わる機能です。

●画面共有　Alt ＋ S

　自分のパソコンやスマートフォンの画像を、相手の画面に表示できる機能です。Sはシェア（Share）の頭文字です。

●ローカル録画　Alt ＋ R

　Web会議の録画をパソコンに保存します。Rはレコード（Record）の頭文字です。録画をクラウド（Zoom社が管理するサーバー）に保存する場合は Alt ＋ C を押します。

●退席（終了）　Alt ＋ Q

　Web会議から退席（終了）します。QはQuit（やめる）の頭文字です。

まとめ

- マルチディスプレイで作業効率を高める
- 外付けのスピーカー、マイク、ヘッドセット、カメラで Web 会議の質を上げる
- ポモドーロ・テクニックを使って時間を効率よく使う
- ショートカットキーを覚えるなどしてアプリを効率的に操作する

Chapter 6　いつも使っているインターネットのしくみ

データをクラウドに預けて安全なのか？

　現金を管理するには、銀行に預金する、タンス貯金、バッグに入れて持ち歩くなど、いろいろな方法があります。どの方法が安全かは金額によっても違い、人によっても意見は分かれるでしょう。データの管理も同じで、100％安全な方法は存在しません。ある方法が安全かどうかは事前にわかるものではなく、結果を見ないとわからないのです。

　自前でデータを管理するには、機器のメンテナンスや故障時の対応が適切でなければなりません。ちょっとしたミスがデータを失う原因にもなります。自分の手元にデータを置いておけば安心という考えは安易であり、管理の方法によっては危険極まりないともいえます。データの管理はきちんとルールを決めて、しっかり運用する必要があります。パソコンに詳しいだけでは安全とはいえないのです。

　一方、クラウドにデータを預ける場合も100％安全とはいえません。当該サービスの個々のリスクを勘案し、自前でデータを管理する場合の手間や安全性と比較して、最終的にユーザーが納得して利用するものなのです。機密性の極めて高いデータを安心して預けるには預け先の精査が不可欠であり、相応のコストを負担する必要も生じます。

　なお、個人情報の漏洩のようなデータ管理の不手際で世間を騒がせた事件の多くが、管理のゆるさ、人為的なミス、うっかりなど、クラウドの安全性がうんぬんという以前の原因で発生していることにも要注意です。

▲ クラウドには厳重なセキュリティ対策が施されているが、100％安全というわけではない

Index

パソコンはどんな脅威にさらされている？

パソコンには大切な個人情報が保存されているので、悪用されたら大変です。
攻撃者はさまざまな方法により不正アクセスを試みてきます。

インターネットには不正アクセスの危険がたくさん

　インターネットにつなげているパソコンは、それこそ世界中から狙われているといっても過言ではありません。特定の個人が狙われる場合もありますし、無差別に狙われる場合もあります。ワナはそこらじゅうにしかけてあり、攻撃者にとってワナにはまる相手は誰でもいいのです。

　攻撃者はさまざまな方法で不正アクセスを試みます。その手法は巧妙で、近年ますます大胆になってきています。単純な例では、ユーザーの誕生日や電話番号を適当に組み合わせて作ったパスワードで、ネットバンクやSNSのアカウントに不正アクセスしようとします。もう少し高度な例では、インターネット上を流れるデータを盗聴してIDやパスワード、クレジットカードの情報を盗み出すというのがあります。盗まれたIDやパスワードは、SNSなどでのなりすまし、ネット通販での不正な買い物など、さまざまな犯罪に悪用されます。

　なお、あたりまえのことですが、脅威はネット経由だけとは限りません。パソコンを盗まれて重要な情報を抜き取られるなどの、物理的な脅威にも注意が必要です。

◀インターネットにつなげているパソコンは、不正アクセスによって情報を盗まれる危険が常にある

ウイルスの脅威にもさらされている

　コンピュータウイルスは相手を選ばず、無差別に攻撃してきます。攻撃者は、ウイルスを添付したメールを送るなどしてユーザーのパソコンを感染させ、さまざまな情報を盗み出そうとします。盗まれる情報の例としては、パスワードのほか、プライベートな写真、動画、仕事のファイル、その他あらゆる情報です。あなただけでなく、知人や友人、同僚、仕事や子供の学校関連など、お付き合いのある人の住所や電話番号などが流出し、周囲の人々に被害を広げる可能性があります。クレジットカード、キャッシュカード、ネットバンクのID・パスワード、ネットバンクの乱数表などの流出があれば、勝手に現金を引き出されたり、ローンを組まれたりする可能性もあります。

　「自分のパソコンを狙う人なんていない」「自分のパソコンには価値のある情報は入ってない」とお考えですか？　いえいえ、あなたのパソコンがほかのパソコンへの攻撃の踏み台（不正アクセスの中継点）にされることもあります。そうなると、外部からはあなたが攻撃者に協力しているかのように見られる可能性もあるのです。

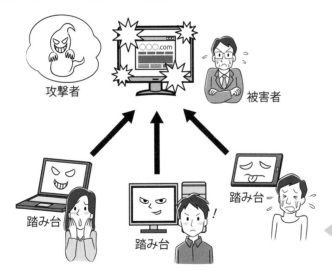

攻撃者

被害者

踏み台

踏み台

踏み台

自分のパソコンがほかの
標的への攻撃の踏み台に
されることもある

まとめ

● パソコンはインターネットを通じて世界中から狙われ、脅威にさらされている
● パソコン本体が盗まれるといった、物理的な脅威にも注意が必要である
● ウイルスに感染するとさまざまな情報を盗まれるほか、犯罪の踏み台にされる恐れもある

Chapter
7
パソコンを安心して使うために

基本の対策

02

パソコンを守るために最低限するべき対策は？

パソコンを守るには、OS を最新の状態に保ち、セキュリティ対策ソフトをインストールします。ウイルスのパターンファイルは常に最新のものに更新します。

OS やセキュリティ対策ソフトは常に最新の状態にする

　ウイルスからパソコンを守る第一の方法は、OS を常に最新の状態にすることです。具体的には Windows Update を利用します。Windows Update を自動的に適用する設定にしておくと安心です。

　セキュリティ対策ソフトは必ずインストールして、ウイルスのパターンファイルは常に最新のものに更新します。セキュリティ対策ソフトは市販のものやフリーソフトにもよい製品があるので、インターネットや雑誌などで評判を調べてダウンロードし、インストールしましょう。セキュリティ対策ソフト自体がウイルスを含んでいる例もあるので、あまり知られていないものは使わないようにします。

　Windows には Windows セキュリティというセキュリティ対策の機能が搭載されています（P.218参照）。

◀ Windows セキュリティの機能の 1 つ「ウイルスと脅威の防止」の画面

セキュリティ関連の情報に関心を持つ

　新聞やテレビなどで個人情報の流出がニュースになる例が増えています。とくに最近の傾向として、知人・関係者を装ったメールを送り付けて、ウイルスを仕込んだファイルを開封させる「標的型攻撃」という攻撃方法が増えています。ほかのパソコンが被害にあっているということは、自分のパソコンも被害にあうかもしれないということです。誰のパソコンでも無差別に狙われます。むしろ、敵は対策の取られていないパソコンを突破口とし、足場を広げていきます。大切なのは、「自分だけは大丈夫」などと思い込まないことです。

　ニュースの中で、流出の原因、被害の実態、被害を防ぐ対策などが語られていることでしょう。心がけとして、セキュリティ関連のニュースや情報には日ごろから関心を持つようにしましょう。

▲ 知人を装ってウイルスを送信する攻撃手法では、被害に気付かない人が多い

ま と め

- ●OS は常に最新の状態に保つ
- ●信頼できるセキュリティ対策ソフトをインストールする
- ●セキュリティ対策ソフトのウイルスのパターンファイルは常に最新のものに更新する
- ●普段からセキュリティ関連のニュースや記事に関心を持ち、「自分は大丈夫」と考えない

Chapter
7
パソコンを安心して使うために

OSのセキュリティ機能について知りたい！

Windowsには「Windows セキュリティ」という機能が搭載されていて、何も指定しなくても自動でパソコンを守ってくれます。

最大の利点は何も意識しなくてもセキュリティを確保してくれること

　Windowsセキュリティは、Windowsに最初から搭載されているセキュリティ機能です。利用者が何も指示しなくても自動でオンになり、Windows自体の状態を監視するとともに、外部からの不審な通信を遮断したり、利用者の個人情報が流出する危険を察知するなどしてくれます。

　Windowsセキュリティの各機能の動作状況は「設定」から確認できます。緑のチェックマークがついて入れば正常に動作しています。

Windowsセキュリティの主な機能

　パソコンをさまざまな脅威から守るため、Windowsセキュリティには次のような機能が搭載されています。

Windowsセキュリティのホーム画面。Windows 11は「設定」の「プライバシーとセキュリティ」→「Windowsセキュリティ」の順でクリックすることで、Windowsセキュリティの動作状況が確認できる

●ウイルス対策機能

　ウイルスの侵入を常時監視します。ウイルスと判定されたファイルは隔離用のフォルダーに自動で移動され、一定期間が経過すると削除されます。もし、無実のファイルがまちがってウイルスとして検出された場合は、削除される前に取り戻しましょう。

　クイックスキャンはWindowsの重要なファイルに対して、パソコン全体にわたって重点的にウイルスチェックをします。週に1回は自動で実行されますが、利用者が「もしかして、これはウイルスかな？」と不安を感じたときは手動でチェックすることもできます。

●ファイアウォールとネットワーク保護

　パソコンが勝手に、ユーザーが許可していない外部（インターネット）との通信をしていないかチェックします。ファイアウォールは日本語で防火壁という意味で、インターネット側で火事が起こっても延焼を防ぐための壁だと捉えるとわかりやすいでしょう。

●アカウントの保護

　Windowsの重要な設定やアプリのインストールなど、リスクの大きな変更があるときにユーザーに「許可しますか？」と確認してくれます。ウイルスに感染してWindowsの重要な設定を変更されたり、悪意のあるアプリが勝手にインストールされることを防止します。

●危険なファイルとWebサイトをブロック

　Windows付属のブラウザEdgeと連携して危険を防止します。たとえば、ウイルスを含むファイルをダウンロードしようとすると、ダウンロードを中止してブロックしてくれます。同様に、危険なWebサイトを開こうとすると、その前に警告してブロックしてくれます。

Chapter
7

パソコンを安心して使うために

まとめ

- ●Windows セキュリティは Windows に最初から搭載されているセキュリティ機能である
- ●Windows セキュリティの最大の利点は、利用者が意識していなくても自動でオンになり、セキュリティを確保することである
- ●ウイルス対策機能、ファイアウォール、アカウントの保護、Edge と連携した危険のブロックなどの機能などがある

なぜセキュリティホールは次々と見つかるの？

自分のパソコンが外部からの攻撃や侵入の目標として狙われる危険性がある、
ソフトウェアの弱点・欠陥をセキュリティホールといいます。

巨大なプログラムほど開発時に気付かなかった欠陥があとで見つかる

　OSにせよアプリにせよ、機能を充実させるほど、もととなるプログラムは複雑かつ巨大化していきます。プログラム上の欠陥をバグといいますが、プログラムが巨大になるほどバグを無くすのが困難になります。プログラムの開発期間には期限があるので、あらゆる面から見てバグのない完璧なプログラムを作るのは奇跡的なことなのです。こうして、開発者が予見できなかったセキュリティ上のバグ＝セキュリティホールがあとになって発見されることになります。ホールとは英語のhole（穴）のことです。

　この現象には終わりというものがありません。OSやアプリがいったん市場に出ると、開発元では次のバージョンの開発に取りかかるでしょう。その際に新しい機能が追加され、プログラムはより複雑かつ巨大化し、新たなバグが紛れ込みます。

巨大プログラム城

▲ プログラムが巨大になるほどバグが紛れ込みやすくなる

セキュリティホールを見つけようとしている人がいる

世の中には、セキュリティホールを見つけようと思っていたわけではないのに、偶然見つけてしまう人がいるかもしれません。が、ほとんどのセキュリティホールは、見つけようとしている人がいるから見つかります。

セキュリティホールを見つけようとしている人は2種類に大別できます。1つは、OSやアプリの安全性を確保することを目的としている善意の人です。彼らはセキュリティホールを見つけたら注意を喚起して、事故を未然に防ごうとします。

もう1つは悪意の人です。見つけたセキュリティホールを悪用して、他人のコンピュータに侵入して悪事を企てます。それは金銭目的かもしれないし、政治的な理由かもしれません。彼らは何とかしてセキュリティホールを見つけようと、一般のユーザーとはまったく違う視点でOSやアプリを見ているのです。

セキュリティに注力するより、目立つ機能を実現したほうが売れる？

OSにせよアプリにせよ、その開発に無限の時間と資金、人材を投入することは現実的ではありません。開発側も利益を追求しているのですから、どんなに最善をつくすとしても、どこかで妥協するのが現実でしょう。たしかに、セキュリティホールが見つかるとユーザーの信頼を損ないますが、かといって、セキュリティが強固であることが製品の売り文句になるとは限りません。開発側としては、多くのユーザーを引きつける可能性がある「目立つ機能」の開発に注力する方がよいわけで、開発者がセキュリティに対して十分な労力を注げるかは、現実問題としてなかなか難しいものがあるでしょう。

結局、セキュリティホールが次々と見つかる事実の裏には、いろいろな事情が重なり合っていると考えられます。

ま と め

- プログラムが巨大になればバグも発生しやすくなり、それがセキュリティホールとなる
- 善意、悪意、それぞれの立場でセキュリティホールを見つけようとする人がいる
- セキュリティの強固さは製品にとってあたりまえの機能であるが、開発側としてはもっと売り文句になる「目立つ機能」の開発に注力したい

セキュリティ対策ソフトにはどんな機能があるの？

セキュリティソフトの主な機能は、ウイルススキャン、ファイアウォール、迷惑メール検知、Webサイトの危険の検知などです。

同じ機能でもWindowsセキュリティより強力！？

　市販のセキュリティソフトに備えられている機能は、Windows標準の機能であるWindowsセキュリティ（P.218）とほぼ同じです。Windowsセキュリティと比べると、よりきめ細かく包括的な機能を備えているものが多いといえます。

●最重要の機能はパソコン内のウイルスの駆除

　いわゆるウイルススキャンと呼ばれる機能で、ウイルスがパソコン内に侵入したか、すでに感染したウイルスがないかを常にチェックしています。パソコン内にウイルスを発見すると駆除してくれます。やっていることは、ウイルスのファイルの削除です。

●外部からのウイルスの侵入や攻撃を防ぐ

　迷惑メールを分類したり、メールに添付されてきたウイルスを駆除したり、メールに書かれた不審なリンクを警告したりします。また、外部（インターネット）からのアクセスや攻撃、外部との不審な通信など、ユーザーが許可していない外部とのやり取りを防ぎます。

▲ウイルス退治はセキュリティ対策ソフトの最重要の機能

●危険なWebサイトの閲覧や不審なWebサイトへの誘導を警告

詐欺やウイルス汚染が報告されているWebサイトや、不審なサイトへ誘導するリンクや危険なプログラムが仕組まれているWebサイトを閲覧すると、警告を表示してくれます。

●その他、さまざまなセキュリティ機能を提供

パスワードやIDを安全に管理する、OSやアプリが最新版になっているか管理する、USBメモリ内のウイルスチェックをする、Wi-Fiの安全性をチェックする、ファイルを復元できないように完全に削除する、大事なファイルを暗号化するなど、製品によってさまざまなセキュリティ機能が提供されています。これらにより、Windows標準の機能であるWindowsセキュリティとの差別化を図っています。

市販のセキュリティソフト「ノートン360」の画面。Windowsセキュリティにはない機能も提供されている

```
まとめ
```

- ●ウイルススキャンはパソコン内のウイルスを発見し、駆除する機能
- ●ファイアウォールはインターネットからの攻撃や不審なアクセスからパソコンを守る
- ●メールのウイルスチェックや迷惑メールの処理を行う
- ●危険なWebサイトの閲覧や不審なWebサイトへの誘導に対して警告する
- ●製品によってさまざまなセキュリティ機能が提供され、Windowsセキュリティとの差別化を図っている

Chapter **7** パソコンを安心して使うために

無線LANの不正利用とはどういうこと？

LANケーブルをつながなくてもインターネットが利用できる無線LAN。非常に便利な機能ですが、正しく管理しないと他人に勝手に使われる危険があります。

タダ乗りともいわれる不正利用

　無線LAN（Wi-Fi）で使っている無線は目に見えないので、どこかの誰かに勝手に使われていても気付かないことがあります。有線LANなら、見慣れないケーブルがあれば気が付くかもしれないのですが。

　2015年6月、他人の無線LANを不正利用した容疑で、松山市の30代の男が逮捕される事件がありました。犯人は違法な高出力の無線LANルーター（無線LAN親機）を使用して、自宅の近所に住む男性宅の無線LANを傍受してパスワードを解析し、無線LANに「ただ乗り」した上で多額の不正送金を行っていました。

　また、2016年6月には、佐賀県の16歳と17歳の少年が教育情報システムや県立高校の校内LANを不正利用し、教員や生徒の個人情報を盗むという事件も発生しています。

無線LAN

不正利用

▲無線LANを不正利用して犯罪を行う例も多い

不正利用されていないか確認するには？

　まず、現状で無線 LAN につながっている機器を確認します。ユーザー自身が正規に接続している機器を確認し、見覚えのない機器が接続されていないか確かめます。

　そのためには、無線 LAN ルーターの管理アプリを起動します。多くの場合は、Web ブラウザの URL 入力欄に 192.168.11.1 などの数字の並び（無線 LAN ルーターによって異なるので、取扱説明書で確認してください）を入力すると、Web ブラウザから無線 LAN ルーターの管理アプリを起動することができます。無線 LAN ルーターの管理画面から、接続されている機器の IP アドレスや MAC アドレス（機器の識別番号）を確認することができます。

　もし、ユーザー自身がつなげた機器の IP アドレスや MAC アドレスがわからない場合は、その機器の電源をいったん切って、しばらく時間を空けてから電源を入れると、無線 LAN ルーターの管理画面に再表示されるので確認できます。このほか、スマートフォンアプリの「Fing」のように、無線 LAN ルーターに接続している機器の IP アドレスや MAC アドレスを一覧で確認できるアプリを使う方法もあります。

パスワードの扱いには気を付ける

　無線 LAN の不正利用で、意外な盲点は無線 LAN ルーターのパスワードを第三者に見られることです。無線 LAN ルーターにはメーカーが出荷時に設定したパスワードを記した紙片が入っていたり、パスワードのシールが貼ってあったりしますが、これを他人に見られてしまうケースです。無線 LAN ルーターを購入したら、出荷時に設定されたパスワードは変更してから使うのが基本です。

　無線 LAN ルーターの中には、来客などに一時的に無線 LAN を利用させるための「ゲストポート」を備える製品があります。ゲストポートを使うと、無線 LAN 上のほかのパソコンや機器にはアクセスできない状態にして、一時利用のゲストにインターネットを利用させることができます。ゲストの利用後は、ゲストポートのパスワードを変更するとより安全です。

Chapter

7

パソコンを安心して使うために

ま と め

- ●無線 LAN は、他人に不正利用されていることに気付きにくい
- ●無線 LAN ルーターのパスワード管理には気を付ける
- ●来客などに一時的に無線 LAN を貸すには、ゲストポートを使うとよい

07

コンピュータ
ウイルスって何？

コンピュータウイルスとは、コンピュータ本体や利用者に害を与えることを
目的として作成された、悪意のあるプログラムのことです。

他のコンピュータに侵入し、甚大な被害をもたらすプログラム

　コンピュータウイルスもアプリの一種です。どこかの誰かが意図的に作ったプログラムです。ただ、コンピュータウイルスは害をもたらすことを目的として作られているところが、ほかのアプリと異なる点です。コンピュータウイルスもアプリの一種なので、コンピュータのハードディスク・SSDなどの記憶装置に保存されています。しかも、ユーザーが気付かぬうちに。

　実は、まっとうなプログラムもユーザーが気付かぬうちに、ハードディスク・SSDにいろいろなファイルを作って保存しています。作業中の仮のファイルだったり、アプリ自身の設定ファイルだったり、内容はいろいろです。つまり、パソコンにとってみれば、ユーザーが気付かぬうちに何らかのファイルを保存するということは、むしろあたりまえのことなのです。ウイルスはこのしくみを悪用して、ユーザーの監視の目をすり抜けるのです。

感染・潜伏・発症の区別を理解しよう

　近年のコンピュータウイルスの主な侵入経路はインターネットです。一例として、ウイルスが添付されたメールを受信すると、添付ファイルはユーザーのパソコンのハードディスク・SSDに保存されます。これが「侵入」です。この段階でウイルスを除去すべきですが、セキュリティ対策ソフトをインストールしていないと発見できないことが多いのです。

　この例では、ユーザーがメールの添付ファイル（実はウイルス）を開くとウイルスのプログラムが実行されてしまい、パソコンがウイルスに「感染」します。

　ウイルスに感染しても、パソコンの画面を見る限りではとくに不審な点に気付かない場合もあります。ウイルス側から見れば、目的を達成するまでは自分の存在を知られたくありません。このため、「発症」の日時が来るまで、パソコン内で「潜伏期間」を過ごしている場合もあります。潜伏期間とは、ウイルスのプログラムは動作しているものの、見かけ上は何も

起こっていないように見える期間のことです。この期間のウイルスの主な仕事は、「発症するよう指定された日時が来るのを待つ」ということです。ウイルスによっては、潜伏期間中にユーザーの個人情報を抜き取るなどの悪行をはたらくものもあります。

　潜伏期間が終わると「発症」です。発症の内容は、パソコン内のファイルを破壊する、パソコンをロック（操作不能状態）させて怪しいメッセージを表示する、ネットワーク上のほかのパソコンに感染を広げる、抜き取った個人情報をウイルスの作者に送信するなど、ウイルスによってさまざまです。

　ウイルスによっては潜伏期間がなく、感染するとすぐ発症するものもあります。つまり、メールの添付ファイルを開いた瞬間に感染し発症する場合もあるのです。

▲ ウイルスはメールなどを介し、インターネットから侵入する

まとめ

● ウイルスの実体がパソコン内に保存された時点が「侵入」である

● ウイルスの実体が実行されると「感染」し、「発症」で悪さを始める

● 感染から発症まで「潜伏期間」があるウイルスと、すぐに発症するウイルスがある

08

ウイルスはどうやって感染するの？

ウイルスの主な侵入経路はメールと Web サイトからですが、USB メモリや偽装したアプリから感染する場合もあります。ここではよくある例を解説します。

メールからの侵入と感染が一番多い

あなたがメールを受信すると、メールの本文、本文に添付された画像などのファイル（添付ファイル）が、あなたのパソコンのハードディスク・SSDに保存されます。添付ファイルの正体がウイルスであった場合、この時点で、あなたのパソコンにウイルスが「侵入」したことになります。

この時点では侵入されただけですが、添付ファイルをダブルクリックするなどして開いてしまうと、ウイルスが活動を開始します。この時点で「感染」です。本来はウイルスに感染してからではなく、ウイルスが侵入した時点で除去すべきなのです。

うっかり自分でウイルスをインストールしてしまうことも

こんな例もあります。Webサイトを見ていると、「ウイルスが発見されました。修復しますか？」という警告ウィンドウが表示されました。焦ったあなたは、セキュリティ対策ソフトが警告をしているものと思い込みます。ところが、この警告は攻撃者がWebサイトに仕組んだワナで、攻撃者のたくらみでWebブラウザに表示させている偽の警告です。偽とは知らず、あなたは「修復します」のボタンをクリックしてしまいます。すると、ウイルスをダウンロードして実行されてしまい、ウイルスに「感染」してしまいます。

ウイルスはアプリから感染する場合もあります。インターネットから入手できるアプリの中には、ウイルスまたは何らかの迷惑プログラムを含んでいるものもあります。アプリをインストールすると、同梱の迷惑プログラムもインストールされるしかけです。

また、他人から借りたリムーバブルメディアのファイルがウイルスに感染していて、そこからウイルスが侵入する場合もあります。リムーバブルメディアとは、USBメモリやSDカード、CD/DVDなどのことで、パソコンに差し込んだ際にプログラムが自動的に実行される便利なしくみがあります。このしくみを悪用しているのです。

メールやWebサイトを見ただけで感染する可能性

　ウイルスもほかのアプリケーションと同様、ダブルクリックするなどして実行しなければ、活動を開始できないはずです。ところが、巧妙なウイルスの中には、自分自身を自動的に実行させるようにWindowsの設定を書き換えたり、Webブラウザ上でスクリプトと呼ばれるプログラムが自動的に実行されるしくみを悪用して、秘密裏に活動を開始するように作られているものもあります。つまり、メールやWebサイトを見ただけだと思っていたのにウイルスに感染し、ウイルスが活動を始める可能性があるわけです。

　Webサイトからのウイルスの感染を防止する最善策は、怪しいWebサイトを見ないことです。ところが、怪しくないはずのWebサイトであっても、攻撃者によって改ざんされている可能性があります。この場合、パソコンにセキュリティソフトをインストールしていれば、危険を感知してウイルスの侵入を防いでくれる可能性があります。

▲ Webサイトを見ただけで
感染するウイルスもある

Chapter
7
パソコンを安心して使うために

まとめ

● 近年のウイルスの主な侵入経路はメール、Webサイトである
● USBメモリなどのリムーバブルメディアからのウイルス感染にも要注意
● Windowsの設定を書き換える、Webサイトのスクリプトのしくみを悪用する
　など、巧妙なウイルスに感染しないために、セキュリティソフトは有効である

架空請求されたら どうすればいいの？

怪しい請求があったら、冷静になって相手のいうことが事実かどうか確認しましょう。その上で、まったく身に覚えのない請求は無視しましょう。

正しい請求なのか、自分には無関係の請求なのか？ 冷静に考えよう

いわゆる架空請求はメールで届くもの、あるいはWebサイトを見ているときに突然表示されるものがほとんどです。中には、ハガキや封書で届くものもあります。

どの場合でも絶対にやってはいけないことがあります。それは、請求のメールに反射的に返信したり、記載された連絡先に確認の電話をかけたりすることです。不用意にこちらから出ていくのは相手の思うつぼです。「期日までに支払わない場合は法的な手段をとります」などと書いてあっても、あわてて銀行やコンビニのATMに走らないようにしましょう。

よくわからない請求を目にしたら、まずは落ち着いて、自分にとって正当な請求なのかどうかを確認しましょう。その際、上記のように相手に問い合わせをしてはいけません。スムーズに確認するためにも、自分が利用中のサービスについて、いつから利用を開始したのか、料金はいくらか、料金の支払いはどんな方法なのか、などの情報は把握しておきたいものです。契約時の画面キャプチャを保存したり、写真に撮影しておくのもよい方法です。

メールや記載されたリンクはクリックしない

請求メールやサイト内の「詳しくはこちらからご確認ください」などと書かれたリンク（URL表記）をむやみにクリックするのは危険です。相手は、あなたがうっかりリンクをクリックするのを待っています。普段から利用しているネット通販、カード会社、ネットバンクなどのWebサイトはブラウザのお気に入りやブックマークに登録しておき、そちらから開くのが安全です。仮に正しい請求メールであっても、何らかの改ざんがされている可能性があるので、リンクのクリックは慎重に行いましょう。

同様の事例がないかネット検索で調べる

世の中には、自分に届いた架空請求に書かれていた文面や連絡先などをインターネット上

に公開してくれる人がいます。実際は騙されていなくても、架空請求されたことを不快に思う人は多いのです。そこで、請求メールの文面の一部をGoogleなどの検索サイトやツイッターなどのSNSで検索してみましょう。架空請求の例として紹介するページが見つかれば、それは架空請求である可能性が高いので、その請求は無視しましょう。なお、検索する際に文面に書かれているURLをブラウザのURL欄に入力するなどして、実際にアクセスするのはやめましょう。請求内のURLには触らないのが無難です。

　請求メールに住所や電話番号が書かれていたら、同様にネット検索して相手の素性を調べましょう。それらが、でたらめな情報であることが判明する場合もあります。ただし、電話番号をクリック（タッチ）すると自動で電話をかけるメールアプリもあるので、意図せず相手に電話をかけてしまうことのないように注意しましょう。

最寄りの警察署の相談窓口などに相談する

　怪しいけれどインターネットだけでは確認ができない場合は、最寄りの警察署の窓口に相談してみましょう。全国規模でなく、近隣の地域だけで発生している詐欺の可能性もあります。

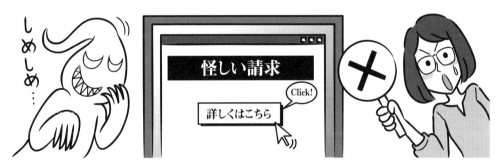

▲ よくわからない請求メールの中にあるリンクは安易にクリックしない！

まとめ

- ●請求があっても、未確認の段階で電話やメールへの返信をしたり、ATMに行ったりしてはいけない
- ●請求内に記載されたリンクのクリックを避けるため、よく利用するネット通販や金融機関のサイトは普段からブックマークしておく
- ●同様の事例をネット検索する。住所や電話番号などを検索して相手の素性を調べる
- ●最寄りの警察署への相談が有効な場合もある

Chapter 7 パソコンを安心して使うために

インターネットの
偽装を見破るには？

いま見ているメールや Web サイトは、実はニセモノかもしれません。
メールや Web サイトの真偽を確認する方法を知っておきましょう。

メールは件名と送信者のアドレスをよく見る

　メールソフトで受信するメールの中には、ウイルス入りの添付ファイルや、ネット詐欺への誘導が含まれている場合があります。まともなメールを装うものも多く、一見して怪しいメールだと判断するのは困難な場合もあります。

　見慣れない相手からのメールを受信したら、まずメールの件名をチェックしましょう。件名が空白、「Re:」だけ、読めない外国語、などの場合は要注意です。件名の内容も要注意です。応募していないプレゼントの当選、短期間で猛烈に儲かる話、頼んでいないアダルトグッズの宣伝など、このような件名のメールは怪しいと考えるべきです。

　しかし、正規のメールでも件名が空白の場合はあります。また、たまたま懸賞に応募したあとに「当選しました」という件名のメールが届いたら、誰でも舞い上がってしまいます。つまり、件名だけではメールが怪しいかどうか断定できないのです。

　そこで、差出人のアドレスを見ます。友人・知人を思わせる件名なのに、見たこともないプロバイダのアドレスや知らない国のドメインの場合は要注意です。友人・知人のふりをする偽装メールを標的型攻撃メールといいます。標的型攻撃メールは仕事の上司や顧客を装うものもあるので、騙されないよう注意しましょう。

　「見慣れたメールアドレスであれば安全」とも限らないので、次のチェックに進みます。

メールの本文や添付ファイルに注意する

　件名、差出人のアドレスに続いてメールの本文をチェックします。本文中にリンクやURLがあったら、それはフィッシング詐欺などの罠がしかけてあるWebサイトへの誘導かもしれないので、慎重な確認が必要です。また、長いURLを短くできる短縮URLというサービスがあり、この短縮URLが使われていると、正規のURLと怪しいURLの区別がしにくいので注意が必要です（短縮URLは危険、という意味ではありません）。

添付ファイルがあるメールはとくに要注意です。ウイルス入りの添付ファイルを開くと、ウイルスに感染してしまいます。ウイルス入りのファイルが添付されているメールは、通常はメールサーバーやパソコンのセキュリティソフトが検出してブロックされます。しかし、新種のウイルスは検出されないこともあるので、完全に防げるともいえません。

メールの送信者と直接連絡を取れるのであれば、添付ファイルを開く前に口頭や電話でファイルの内容を確認するのが安全です。

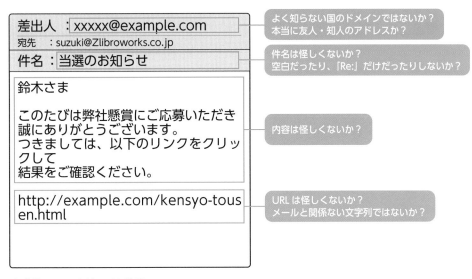

▲ 怪しいメールはここに注意

偽装サイトはここで判断する

インターネット上には、金融機関やカード会社などのWebサイトのふりをした偽装サイトが存在します。偽装サイトは本物そっくりに作られていることが多く、本物と区別するのはかんたんではありません。

銀行やカード会社のふりをしたメールの中に、偽装サイトに誘導するワナがしかけられていることがあります。偽装サイトに誘導されたと気付かずにIDやパスワードを入力してしまうと、ユーザーは大損害を被る恐れがあります。

偽装サイトに誘導する詐欺をフィッシング（Phishing）詐欺といいます。「釣り」を意味する「fishing」という単語に、凝った（sophisticated）偽装がなされているという意味を含めて、「phishing」という言葉を使うようになったといわれています。

フィッシング詐欺の被害を防ぐには、メール内の怪しいリンクやURLをクリックしないこ

とです。自分が普段から利用する金融機関やカード会社のWebサイトは事前にお気に入りや ブックマークに登録しておき、メールのリンクからでなく、お気に入りやブックマークから アクセスするようにします。

銀行など、信頼が重要な企業のWebサイトには「情報漏洩を防ぐ暗号化通信を行っている サイトである」という証明書が認証機関により発行されています。SSL証明書というもの で、この証明書が発行されているWebサイトをWebブラウザで表示すると、アドレスバー の左側に南京錠のマークが表示されます。ただし、SSL証明書は「今見ているWebサイト が暗号化通信を行なっている」ことを証明しているのであって、「偽装のものではない」こと の証明ではないので、怪しいサイトかどうかを判断する決め手にはなりません。

金融機関によっては、不正送金対策ソフト「PhishWall（フィッシュウォール）」のインス トールを奨励しているところもあります。PhishWallは、WebサイトのURLが正規のもの であることを認証するソフトウェアです。

結局のところ、セキュリティに関する話でいつも繰り返されることですが、セキュリティ ソフトをインストールするか、Windows付属のWindowsセキュリティをオンにすること です（P.222参照）。ウイルス定義パターンファイルは最新にしておきましょう。

▲ SSL証明書を使っているWebサイトでは、アドレスバーの左側に南京錠のマークが表示される。クリッ クすると証明書の内容を確認できる

フィッシング詐欺を防ぐ認証方法を利用する

　フィッシング詐欺を防ぐために、いろいろな対策が試みられています。いずれも、従来のパスワードの認証に加えて、2つめの認証を行うという対策です。これは追加する認証の方法によって、2要素認証、または2段階認証と呼ばれます（P.237参照）。

　トークンは、ユーザーのスマホのパスワード生成アプリを利用する認証方法です。ほかにも、短時間のみ有効なパスワードを使うワンタイムパスワードや、事前に本人が登録しておいたスマホで認証するスマートフォン認証、ユーザー本人の携帯電話やスマホにSMSでパスワードを送るSMS認証などの認証方法が利用されています。

　2要素認証や2段階認証によって、詐欺にあいにくくなっていることは確実ですが、追加の認証作業のために操作が面倒になってしまいます。とはいえ、安全には代えられないので、ユーザーとしては面倒がらずにしっかりと対策をしたいものです。

◁ LINE の登録手順も2段階認証を利用している。指定した電話番号あてにSMSが送信され、SMSに指定された番号を入力すると、登録が完了する

Chapter **7** パソコンを安心して使うために

まとめ

● 件名や送信者のメールアドレスが怪しいメールには注意する
● 怪しいメールのリンクやURLはクリックせず、怪しい添付ファイルは開かない
● Webブラウザのアドレスバーの表示で、SSL証明書を受けたかどうか判別できる
● フィッシング詐欺を防ぐため、各種の2段階認証が導入されている

11

インターネットからの
情報漏洩を防ぐには？

誰もがワナにはまる可能性があるという意識を持つことが大切です。
その上で、パスワードの強化や、2段階認証の利用などの対策をとります。

日ごろから危機感を持ち、自分のこととして考える

新聞やテレビなどで、個人情報の漏洩のニュースが増えています。情報漏洩はだれもが関係することであり、他人事ではありません。パソコン内に何もデータがなく、ネットバンクを使ったこともなく、ネット通販も使ったことがないとしても、あなたのパソコンを攻撃して乗っ取ることで、ほかのパソコンを攻撃する踏み台にされる危険があります。

情報漏洩を防ぐには、まず、自分も狙われているという意識を持つとともに、知識を増やすことです。攻撃者にとっては、ワナにはめる相手は誰でもいいのです。

パスワードの管理を強化する

単純なパスワードは使わず、他人から推測されにくい長くて複雑なパスワードに変更しましょう。パスワードは、英大文字・英小文字・数字・記号が混在するものにします。1つのパスワードを複数のサービスで使い回さず、サービスごとに異なるパスワードを設定します。

最近のWebブラウザは、WebサイトやクラウドサービスのIDとパスワードを保存し、次回以降に自動的に入力してくれる機能があります。便利な機能ですが、パソコンから離れたすきに第三者にIDやパスワードを盗まれる危険性があります。Webブラウザの「シークレットモード」や「プライベートウィンドウ」などを使うと、これらの情報を保存しないので通常のモードよりセキュリティ性は高まります。増え続けるパスワードを管理するには、パスワード管理ソフトを使ったり、パスワードを記録したファイルを暗号化するなどして、パスワードそのものが漏洩しないように対策しておきましょう（P.243参照）。

ネットバンクなどのアカウントを第三者に不正使用させないために、「秘密の質問」が用意されている場合があります。この質問はプライベートな内容なので、答えを知っているのは正規ユーザーの本人だけという前提です。ただし、ブログやSNSでユーザー自身が答えをばらまいくしまう危険性があるので注意しましょう（P.140参照）。

パスワードのみの認証より安全な2段階認証

パスワードの流出による被害を少しでも減らすため、ネット関連のサービス事業者はさまざまな安全策を提供してきました。最近では、従来のパスワードによる認証に加えて、もう一段階の認証を必要とする2段階認証の採用が広がりつつあります。

ここでは、その具体例を紹介します。ログインするたびに、通常どおりパスワードを入力することは以前と変わりありません。次に、もう一段階の認証として、携帯電話やスマートフォンなどに送られてくる認証コードを入力します。

いったん2段階認証に成功すれば、認証済のパソコンでログインする際には2段階認証を省略して、従来のパスワードだけでのログインができます（サービスによります）。この場合でもほかのパソコンからログインする場合は、あらためて2段階認証が必要になります。

2段階認証によってセキュリティが強化されることは確かですが、セキュリティに万全はあり得ません。ログイン時にひと手間増えるのも難点ではあります。繰り返しになりますが、利用者としては被害にあう前にできるだけの対策をしておきたいものです。

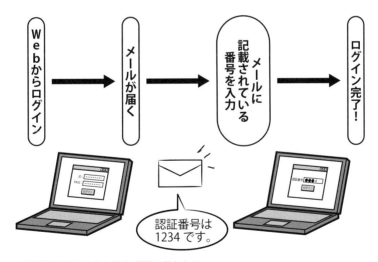

Webからログイン → **メールが届く** → **メールに記載されている番号を入力** → **ログイン完了！**

認証番号は
1234 です。

▲2段階認証はこのような手順で行われる

まとめ

- ●ワナはそこらじゅうにしかけられており、自分も狙われているという意識を持つ
- ●パスワードを強化し、しっかり管理する
- ●2段階認証のしくみがある場合は利用する

Chapter **7** パソコンを安心して使うために

子供にインターネットを利用させても大丈夫？

子供を狙うネット犯罪が増えています。SNSやネットゲームにはまって
体調を崩したり、成績が落ちたりする例も増えています。

むやみに禁止するのではなく、インターネットを上手に利用する時代

SNSや掲示板でのやり取りをきっかけに子供が事件に巻き込まれる痛ましいニュースを見る機会が増えています。内容は子供を狙った性犯罪や、子供どうしのネットいじめ、子供を狙った詐欺など、いろいろです。

一方、事件性はなくても、SNSやネットゲームにはまりすぎて健康を害したり、勉強がおろそかになったりする事例もよく目にするようになりました。

学校でパソコンやタブレットを使った教育が行われたり、周囲の大人がいつもスマホをいじっていたり、自分のスマホを所有する中高校生が大多数になったり、という時代です。インターネットは危険な面もありますが、だからといって子供にまったく使わせないのはナンセンスです。インターネットを安全に、上手に使うことを学ばせるのが現実的です。

ペアレンタルコントロールやフィルタリングなどを活用する

親が子供のパソコン利用を管理する機能をペアレンタルコントロールといいます。また、有害あるいは危険な可能性があるWebサイトを表示させないようにする機能をフィルタリングといいます。WindowsのFamily Safetyという機能がこれらに相当します。

Family Safetyでは子供がパソコンを使うときのフィルタリングのほか、利用するアプリ、時間、課金などを親のマイクロソフトアカウントから制限できます。同様の機能を持つ専用アプリも市販されているので、そちらを使う方法もあります。

フィルタリングやペアレンタルコントロールは、一度設定すればそれで安心というわけではありません。これらは子供が事件に巻き込まれるリスクを減らしますが、完璧ではなく任せっきりにはできないのです。普段から、インターネットに夢中で勉強がおろそかになっていないか、視力に悪影響がないかなどに注意して、状況によっては設定を変更する必要もあります。親が小まめにチェックしていくことが絶対に必要です。

親も知識を仕入れ、親の行動で見本を示す

　子供がネット犯罪に巻き込まれないようにするには、子供にネット利用のルールを守らせるだけでは不十分であり、親も認識を改める必要があります。一例ですが、親がSNSの自分のアカウントに家族の写真を投稿する場面を見かけます。子供は親の行動を見て行動することが多いため、この状況が続くと、子供は自分たちの写真をSNSに投稿したり、他人に送ったりすることに抵抗を感じなくなる可能性があります。ただちに危険というわけではないですが、たとえ自分の子でも、肖像権やプライバシーを尊重するようにしたいものです。

　また、親もセキュリティについて知識を増やし、インターネット上の事件に敏感になるべきです。自分はパソコンに詳しくないからといって敬遠せず、新聞や雑誌、本やテレビなどで現状の危険性を把握しようとする姿勢を示すことがとても大切です。

▲ 子供がインターネットを利用することに不安を感じるなら、親も現状を理解することが大切

まとめ

● 子供を狙うネット犯罪が増えている
● 周囲が情報機器に囲まれている時代であり、インターネットの利用をやみくもに禁じるのは現実的ではない
● ペアレンタルコントロールやフィルタリングの活用が有効だが、完璧ではない
● 親も知識を仕入れ、親の行動で子供に見本を示すことは大切である

Chapter 7 パソコンを安心して使うために

アカウント情報が漏れるとどうなるの？

Webサービスのアカウント情報が流出して何も被害がなかったら、
それはたまたま運がよかっただけかもしれません。

アカウント情報は個人情報の固まり

いわゆるアカウント情報とは、ユーザーに関する情報の集合体です。アカウント情報のうちもっとも基本的なものは、IDとパスワードです。IDはユーザー名、アカウント名、ログイン名などと呼ばれることもあります。アカウント情報はこのほか、本名、住所、電話番号、買い物の履歴、クレジットカード番号などが含まれる場合もあります。

近年は、インターネットでの個人情報の流出がたびたびニュースになります。その際、どの情報が流出して、どの情報が無事だったのかが注目されます。仮に、自分が利用している（または、過去に利用したことがある）Webサービスで本名と電話番号が流出した場合、「クレジットカードの情報は無事だったから安心」と考えるのは危険です。しばらくの期間は、通販サイトやクレジットカードの利用明細をしっかり確認して、身に覚えがない買い物や取り引きなどが行われていないか監視したほうがよいでしょう。

小さな穴からの流出が大きな問題に発展する

ある情報漏洩の事件でパスワードやクレジットカード番号は流出しなかったとしても、今回流出したアカウント情報と、別の漏洩事件で流出したアカウント情報を付き合わせることで、パスワードやクレジットカードを特定される恐れもあるのです。

心配しているばかりでは何もできませんが、アカウント情報の一部でも漏洩すると、それを手がかりに致命的な情報を盗まれるリスクがあるということは念頭に置いておきましょう。

自分以外の人に迷惑をかける恐れ

アカウント情報が漏れると、あらゆる被害を受ける可能性があります。個人情報が流出したり、社会的・経済的被害を受けたり、さまざまな犯罪に悪用される可能性があります。場合によっては、自分だけではなく、周りの大勢の人に被害が及ぶ可能性もあります。

　例として、SNSやメールのアカウントを乗っ取られると、個人的な連絡を読まれてしまいます。その内容によっては自分だけでなく、友だち登録している人の人生を棒に振ってしまうかもしれません。仕事で使用しているメールサーバーやクラウドサービスのアカウント情報が流出すれば、会社全体や取引先を巻き込んだ損害に発展する恐れもあります。

　とくに危険なのは、複数のサービスで同じIDとパスワードを使い回すことです。1つのサービスでアカウント情報の流出があると、利用しているすべてのWebサービスで損害が発生する可能性があり、より多くの人に迷惑をかける恐れがあります。

▲ある Web サービスから流出したアカウント情報をもとに、別の Web サービスで使用している ID やパスワードを特定される危険がある

まとめ

- ●アカウント情報とは、ユーザーに関する個人情報の集合体である
- ●複数の Web サービスから流出した情報を突き合わせて、詳細なアカウント情報を知られる恐れがある
- ●アカウント情報が流出すると、自分だけでなく多くの人に迷惑をかける可能性がある

Chapter 7 パソコンを安心して使うために

14

IDとパスワードを
忘れないようにするには？

Yahoo! JAPAN によると、パスワード忘れによって毎日約 20,000 件もの
再設定が行われているそうです。パスワード忘れを防ぐ方法を検討します。

複雑なIDとパスワードを覚えるのは難しい

理想的なパスワードの条件として、「誕生日など、他人に推測されやすいものは避ける」「英大文字・英小文字・数字・記号を混ぜて、長くて複雑なものにする」「複数のサービスで同じものを使い回さない」などがよくあげられます。これらの条件を満たせば、P.139で取り上げた「123456」や「password」と比べて圧倒的に安全ですが、利用しているすべてのWebサービスのパスワードを覚えるのは困難です。Webサービスごとに異なるID（アカウント名）も合わせて覚えるとなると、さらに大変です。

▲Web サービスごとに複雑で異なる ID とパスワードを設定するとセキュリティ性は高くなるが、すべて覚えておくのは大変

IDとパスワードをセットで管理する方法いろいろ

残念ながら、IDとパスワードを管理する上で「これなら絶対大丈夫！」という方法はありません。例にあげた方法を参考にして、自分なりの方法で運用しましょう。

●紙やノートに書いておく（安全性：非常に低い）

紛失や置き忘れ、飲み物をこぼして読めなくなる、などのリスクがあります。

●Webブラウザの自動ログイン機能を利用する（安全性：低め）

Webサービスを利用する際、初回にIDとパスワードを入力してログインすると、その情報がWebブラウザに保存され、次回から自動でログインできます。便利ですが、他人にパソコンやスマホを使われるとログインされ放題になります。用心が必要です。

●パスワード管理アプリを利用する（安全性：高め）

セキュリティソフトのパスワード管理機能や、専用のパスワード管理アプリを使う方法です。安全性は高めですが、将来的にそのアプリのサポートが終了になる可能性がある、アプリの乗り換え時にデータを再登録する必要がある、などのデメリットもあります。

●エクセルやワードのファイルに記録し、パスワードを設定する（安全性：高め）

わかりやすく、コピー＆ペーストしやすいのがメリットです。一方、ファイルの破損や誤削除、パソコンの故障などで、記録した情報を確認できなくなる危険性があります。

●オンラインストレージの機密フォルダーを使う（安全性：高め）

一例として、OneDriveの「個人用Vault」フォルダー（または「Personal Vault」フォルダー）にIDとパスワードを記したファイルを保存します。このフォルダーは特別に機密性が高いので安全性は高めです。Vaultは「金庫」という意味の英単語です。

Chapter 7 パソコンを安心して使うために

まとめ

- ●サービスごとのID とパスワードをセットで覚える必要がある
- ●IDとパスワードを管理するための「これなら絶対大丈夫！」という方法はない

15

情報モラルとは？

インターネットを安易に利用していると、他人を不快な気持ちにさせたり、迷惑を
かける原因になったり、あるいは自身がトラブルに巻き込まれる場合があります。

現代社会で欠かせない情報モラル

現代は情報社会といわれています。情報モラルは、情報社会を生きていく上で誰もが知っ
ておくべき知識、誰もが身に付けておくべき考え方です。

情報モラルは今や社会人としての基礎的な素養であり、あたりまえの注意事項でもありま
す。学校でも学年に応じて「情報モラル教育」が実施されています。ここでは、情報モラル
としてよく取り上げられる事柄を紹介します。

機器そのものが害を及ぼすこともある

スマートフォン、携帯電話の使用にあたっては、公共の場でのマナーを守るようにしましょ
う。電車など公共交通機関内、静かなコンサート会場や美術館、図書館などでは、マナーモー
ドに設定しておき、通話は控えます。音楽や動画などを鑑賞するときは、音が周囲に漏れな
いようにします。

◀ 電車内では携帯電話をマ
ナーモードに設定するな
ど、公共の場でのマナー
を守ろう

医療機関など、利用場所が限定されている場所ではそれを守りましょう。スマートフォンや携帯電話は、通話をしていないときでも常に電波を発しています。医療機器によっては、スマートフォンや携帯電話の電波で誤作動を起こす場合もあります。

情報機器の安易な利用に気を付ける

店で書籍や雑誌を立ち読み中、気に入ったページをカメラでパチリ。これはデジタル万引きと呼ばれ、窃盗の一種になります。バッテリー切れしたので、商業施設内などでたまたま見つけたコンセントで充電。これは電気の窃盗になります（許可がある場合は別）。通りかかった人をスマホのカメラでパチリ。これは盗撮と見なされることもあります。他人の論文や著作物などのインターネットからの盗用が原因で、地位や職を失った例もあります。

ネットの影響力の大きさを考える

普段、自分のブログやSNSに何も反応がなくても、誰も見ていないわけではありません。実際、安易に書き込んだ一言が思わぬ大騒ぎを引き起こすことがよくあります。

軽い気持ちのウケ狙いの投稿が、第三者から痛烈に批判され「炎上」状態になったり、警察の捜査を受けたり、マスコミに報道されるなどの事例もあとを絶ちません。「ネット上の発言は世界中に公開されている」ということを、常に意識する必要があります。一方、他人のブログやSNS、掲示板などの内容に反射的に反応して、過剰に熱くなることもトラブルの原因になります。反論を書き込む前に、冷静に考えてみましょう。

一度インターネット上に流れた情報は世界中に広がってしまうため、完全に取り消すことはできないのです。インターネット上での言動は大きな影響を及ぼすことがある、という認識を持つことが大切です。

現実の世界だったらどうか？と考える

現実の生活では、初対面の人にいきなり自分の秘密を教えたり、なれなれしい言葉づかいをしたり、自分の裸の写真を見せたりはしないでしょう。それはインターネットも同じはずです。現実の世界でやると問題があることは、インターネット上でもダメなのです。

インターネットは匿名の世界のように思えますが、発言した個人を特定することは不可能ではありません。匿名であろうがなかろうが、勝手なことをしてよいというわけではありませんが、インターネットは決して匿名の世界ではないことを忘れないようにしましょう。

Chapter

7

パソコンを安心して使うために

245

顔が見えないコミュニケーションの難しさ

　メールやSNS、掲示板では、文字や画像などの情報のみで意思を伝達します。思い込みが先行しがちで、対面していればわかり合えることでも、インターネット上ではときには激しいケンカになってしまうことがあります。これがいじめの原因になることもあります。顔が見えなくても、自分が人間の相手をしていることを忘れないようにしましょう。

ネット中毒、SNS依存症の危険

　SNSに熱中するあまり、仕事や学業に支障が出るSNS依存症が話題になっています。「SNS疲れ」も増えています。SNSの投稿をこまめにチェックし、「いいね！」をクリックし、コメントを返し、ネタを探して投稿する…という生活を続けるうちに、精神的に消耗するというものです。

　現実世界の仕事や学業こそが本業です。インターネット上のSNSは余暇として楽しむものであることを認識し、適度に距離を置きましょう。

▲SNSでは、顔は見えなくとも多くの人とつながっていること、あくまでも余暇であることを忘れないようにしよう

小さな心がけの積み重ねが自分を守る

●パスワードや個人情報の流出に気を付ける

パスワードは他人から想像されにくい文字列にし、英大文字・英小文字・数字・記号が混在する長い文字列に設定します。自分の名前や誕生日など、他人からかんたんに推測できるようなパスワードにすることは避けます。

個人情報の公開範囲に気を付けましょう。実名や住所や電話番号、写真などは、悪意を持つ人にとって格好の標的となります。また、位置情報を無用にさらさないために、GPS機能は必要な場面でのみオンにすると安全です。

●セキュリティ対策ソフトの更新（アップデート）を怠らない

OSやWebブラウザ、メールソフトなどインターネットで使うソフトウェアに関しては、常にアップデートをして最新版に更新します。ウイルス対策ソフトのウイルス定義ファイルは、常に最新版にしておきましょう。

●データをバックアップして破壊や消失を防ぐ

万一データが破壊されたときに備えて、大切なデータは定期的にバックアップして、復旧できるようにしておきます。一定期間ごとに、自動的にバックアップを行ってくれるソフトウェアも便利です。より手軽なバックアップとして、OneDriveやDropboxなどのオンラインストレージを利用するのもよいでしょう。

●フィルタリングソフトを利用する

フィルタリングソフトは、有害なWebサイトをブロックして閲覧できなくするツールです。学校や家庭で安全にインターネットを使うために活用しましょう。

●SNSなどでのコメント投稿は（場合によっては）慎重に

インターネットでの行き過ぎた誹謗中傷が問題になり、罪に問われた例もあります。文字中心の会話は思い違いや行き違いを起こしやすいものです。ときには、熱くなった自分を落ち着かせてから投稿する慎重さも必要です。もとの投稿の文章を読み返し、自分が誤読や勘違いをしていないか再確認しましょう。「いいね」の数を正しさと錯覚する場合もあります。自分の投稿が世界中に見られたり、人を傷つけたり、気晴らしのつもりの発言が重大な問題を引き起こしたりなど、さまざまな可能性があることを考えて言葉や表現を選びましょう。

Chapter

7

パソコンを安心して使うために

身代金要求型ウイルス ──凶悪すぎるランサムウェア

　ランサムは「身代金」という意味です。ランサムウェアと呼ばれるウイルスに感染すると、パソコンをロック（使用不能）されたり、ファイルを暗号化（解読不能）されたりします。もとに戻すかわりに「身代金」を要求する犯行手口です。近年、企業や公的機関、大学や医療機関などを狙うランサムウェアが猛威を振るっていることは、ニュースでも取り上げられています。

　メールに添付された不正なファイルを開いたり、ワナをしかけられた Web サイトへ誘導されたりすることが原因でランサムウェアに感染します。「身代金」を払うことは、犯人を援助することになるので避けるべきでしょう（身代金を払っても、パソコンやファイルをもとに戻してもらえる保証はありません）。

　ランサムウェアに感染すると、最悪の場合はパソコンを初期化し、失ったデータをゼロから再構築するしかなくなります。普段からできる対策として、大切なデータは定期的にバックアップしましょう。なお、バックアップしたファイルさえ暗号化される危険性があるので、バックアップはパソコンやインターネットとつながっていない場所に保管しましょう。

　ランサムウェアにはセキュリティソフトの防御をすり抜ける変異種が多いことが知られています。とはいえ、Windows Update を怠らず、セキュリティ対策ソフトのウイルス定義ファイルを最新の状態にしておくことは対策として重要です。

データを返して
ほしかったら
身代金よこせ！

◀ランサムウェアは
データやパソコン
本体を人質にして
身代金を要求する

用語集

ここでは、本文中で解説を省略したものを中心に、覚えておきたいキーワードを紹介します。

●Bluetooth　P.27, 209
ブルートゥース。複数の電子機器をつなぐ通信技術のこと。デンマークとノルウェーを交渉によって平和的に統一したデンマークの王様「青歯王」が用語の由来。

●Core i シリーズ　P.25
コアアイ。インテルの主力 CPU シリーズ。Core i3 → Core i5 → Core i7 → Core i9 と末尾の数字が大きくなるほど性能が上がる。

●HTML　P.149, 186
エイチティエムエル。Web ページを記述する言語。

●ID　P.130, 138
アイディ（identification の略）。サービスを利用するための会員番号のこと。「アカウント名」、「ユーザー名」、「ログイン名」などと呼ばれることもある。

●LAN　P.44, 75
ラン（Local Area Network）。会社内、学校内、ビル内、フロア内、オフィス内、家庭内、室内など、限られた範囲でネットワークを組むこと。

●Linux　P.122
リナックス。パソコン用 OS の 1 つ。フィンランドの学生だったリーナス・トーバルズ氏が、Windows より前から使われていた UNIX の互換 OS として、カーネルとよばれる中心部分を独力で作成したのが始まり。

●PCM　P.62, 160
ピーシーエム。音をデジタル化する方法のひとつで、音の信号の強さを短い時間間隔で測って数値化する方法。

●SATA　P.42, 44
シリアルエーティーエー。ストレージを接続するための規格で、1 本のデータ線でデータを 1 ビットずつ転送するシリアル転送を行う。以前は複数のデータ線で複数ビットずつ転送する PATA（パラレルエーティーエー）が使われていたが、ノイズに弱く、転送するタイミングの管理が厳しく高速化が難しいため、現在は高速化しやすい SATA が使われている。

●Thunderbolt 3/4　P.76
サンダーボルト 3 または 4。USB Type-C の能力をフルに活用する高機能・多用途なデータ伝送技術で、USB と同等以上の高速データ転送と並行して、高解像度の映像出力など、多用途に対応する。

●URL　P.188
ユーアールエル。インターネットの Web ページのありかを示す文字列のこと。インターネット内の住所にたとえられる。

●Web 会議　P.204, 208
インターネットの Web サービスを利用し、音声や映像を使って行う会議のこと。会議室に集まって行う会議とは異なり、場所や時間の自由度が高いという利点がある。

●Web サイト　P.188
ウェブサイト。www で参照できる情報は、本のように複数のページでできている。各ページが Web ページで、複数ページをまとめたもの全体を Web サイトという。

●Web ブラウザ　P.139, 188
インターネット内の情報を見たり聞いたり参照するためのアプリケーション。マイクロソフトの Edge（エッジ）、アップルの Safari（サファリ）、Google の Chrome（クローム）などが有名。

●アイコン（icon）　P.85, 100, 108
ファイルの内容やソフトウェアの機能などを絵で表した小さなマークのこと。

●アクセス（access）　P.65, 214
「接近する」という意味。人が情報に触れること、ストレージやメモリの情報を読み書きすることをいう。

●アナログ　P.142
切れ目なく変化する、連続している量のこと。

●インストール　P.21, 78
ソフトウェアをパソコンに組み込むこと。

●インターフェース　P.44, 74
接続規格、データ交換の規格。人間が機械を使う際の使い勝手を表すこともある。

●**インテル** P.24

Intel。世界第 1 位の半導体メーカー。

●**炎上** P.195, 245

SNS やブログなどで、ある投稿に非難・反論・誹謗・中傷などの否定的コメントが殺到する現象のこと。

●**オートコンプリート機能** P.139

ブラウザの入力補完機能（以前入力した値を覚えておいてくれる機能）のこと。

●**拡張スロット** P.44, 65

パソコンの機能を拡張するカード、ボードを差し込むところ。

●**ギガバイト** P.24, 54

GB と省略して表記されることもある。およそ 10 億バイト（漢字 5 億文字分のデータ量）である。

●**起動** P.31, 36, 100

ソフトウェアを動作させること。パソコンのスイッチを入れること。

●**グラフィックボード** P.17, 42, 44

ビデオカード、グラフィックアクセラレータともいい、略してグラボとも呼ばれる。最新ゲームなど、特別に高速な 3 次元描画が必要という場合は必須。

●**クロック** P.48, 50

コンピュータの動作テンポのこと。数字が大きい方が高速である。

●**コア** P.48, 50

CPU や GPU の演算回路のこと。コアが 2 つあることをデュアルコア、4 つあることをクアッドコア、8 つをオクタコアという。

●**光学メディア** P.90

CD、DVD、BD（ブルーレイディスク）など、レーザー光でデータを読み書きするディスクの総称。光ディスクともいう。

●**サーバー** P.173, 202

ネットワークにつながっているコンピュータのうち、データや各種サービスの提供元コンピュータのこと。

●**サブスクリプション** P.94, 126, 128

サブスクともいう。定期的な料金支払いがサービス利用の条件である利用形態のこと。とくにインターネットでのサービスやスマホのアプリに多く、音楽や映画の配信、ニュースや電子書籍の購読、オンラインゲームなどが人気である。

●**システムのバックアップ** P.46

現在稼働している OS とアプリケーションをそっくりそのままの状態で保存すること。

●**シャットダウン** P.36, 110

パソコンの作業を終了して、安全に電源を落とすときに行う操作。パソコンの電源を強制的に切ると、本体や OS にダメージを与えたり、データを失ったりする危険性があるが、シャットダウンすると安全に終了できる。

●**初期化** P.109, 112

最初の状態に戻すこと。この言葉はいろいろな場面で使われるが、とくに、OS の初期化について知っておきたい。パソコンを使っているうちに、軽微な不具合をため込んで OS が不調になることがあるが、OS を初期化すると不調が一掃される場合が多い。副作用もあり、一部の設定やデータ、インストールしたアプリなどを失う場合もある。

●**ストレージ** P.26

記憶装置のこと。ハードディスクや SSD、USB メモリなどを指す。

●**セキュリティホール** P.220

OS やアプリケーションのセキュリティ上の弱点のこと。ウイルスに狙われやすい。

●**設定（アプリ）** P.108, 114

多岐にわたる Windows の設定項目のうち、よく使われるものをまとめて使いやすくしたアプリ。効力はコントロールパネルでの設定と同じ。

●**セル** P.52, 58

エクセルなど表計算アプリで縦横に広がりのある表のひとマスのこと。 メモリの記憶単位のことを指す場合もある。

●**ソケット** P.44

電気部品を取り付けるための差し込み口。パソコン内部では、CPU を装着する差し込み口のこと。

●**ダウンロード** P.79, 94

ファイルを、LAN やインターネットの回線を通じて手元にあるパソコンに転送して取り込むこと。

●**チップセット** P.44

パソコン内のデータの流れをコントロールする IC。SATA や USB、PCI Express、LAN などの各種インターフェースの制御を行っている。

●**デジタル** P.62, 142

情報を数値化したもの。あいまいさがなく、はっきりと区別できる段階に分けて数値で表される。

索引

■著者略歴

丹羽 信夫 (にわ のぶお)

ITジャーナリスト、電脳執筆家、フリープログラマー。
ビル・ゲイツ氏や故スティーブ・ジョブズ氏と同じ1955年に生まれる。群馬県在住。1980年代後半から1990年代前半にかけて、パソコンを題材にした多数のキレ味鋭い文章や独特のプログラムを発表。仮想のソフトウエア製作者集団『低レベルソフトウェア研究所』を設立。当時のパソコン好きの人々に絶大な影響を与えた。その後、電脳執筆家、ITジャーナリスト、フリーのプログラマーとして各種メディア上で活躍している。

■お問い合わせについて

本書に関するご質問については、本書に記載されている内容に関するもののみとさせていただきます。本書の内容と関係のないご質問につきましては、一切お答えできませんので、あらかじめご了承ください。また、電話でのご質問は受け付けておりませんので、必ずFAXか書面にて下記までお送りください。
なお、ご質問の際には、必ず以下の項目を明記していただきますようお願いいたします。

1 お名前
2 返信先の住所またはFAX番号
3 書名（理解するほどおもしろい！ パソコンのしくみがよくわかる本 ［改訂3版］）
4 本書の該当ページ
5 ご質問内容

なお、お送りいただいたご質問には、できる限り迅速にお答えできるよう努力いたしておりますが、場合によってはお答えするまでに時間がかかることがあります。また、回答の期日をご指定いただいても、ご希望にお応えできるとは限りません。あらかじめご了承くださいますよう、お願いいたします。
ご質問の際に記載いただきました個人情報は、回答後速やかに破棄させていただきます。

■お問い合わせ先
〒162-0846
東京都新宿区市谷左内町21-13
株式会社技術評論社　書籍編集部
「理解するほどおもしろい！ パソコンのしくみがよくわかる本 ［改訂3版］」質問係
FAX番号 03-3513-6167
https://book.gihyo.jp/116

理解するほどおもしろい！
パソコンのしくみがよくわかる本 [改訂3版]

2017年 2月25日　初　版　第1刷　発行
2023年 5月 6日　第3版　第1刷　発行
2024年 4月 3日　第3版　第2刷　発行

著者　　　　　　　　丹羽　信夫
発行者　　　　　　　片岡　巌
発行所　　　　　　　株式会社 技術評論社
　　　　　　　　　　東京都新宿区市谷左内町21-13
　　　　　　　　　　電話　03-3513-6150 販売促進部
　　　　　　　　　　　　　03-3513-6160 書籍編集部
カバー・本文デザイン　坂本　真一郎（クオルデザイン）
カバーイラスト　　　ひらのんさ
本文イラスト　　　　株式会社アット　イラスト工房／ひらのんさ
編集　　　　　　　　田村　佳則
DTP　　　　　　　　技術評論社　出版業務課
製本・印刷　　　　　図書印刷株式会社

定価はカバーに表示してあります。